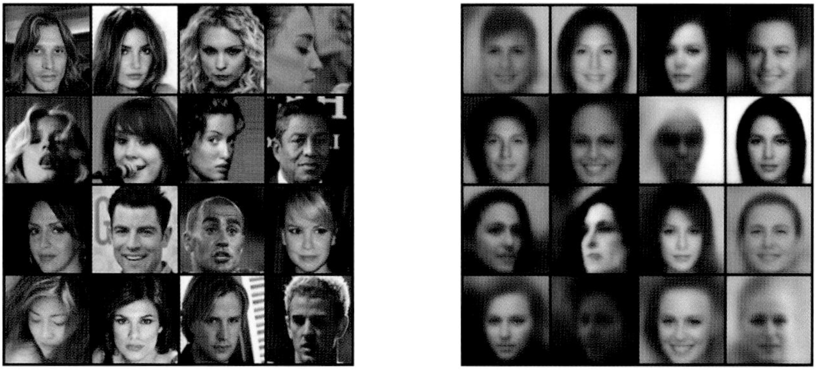

(a) 学習用顔画像の例.　　(b) 生成顔画像.

口絵 1　CelebA データセットにある 202,599 枚のうちの 162,080 枚を 64×64 にリサイズして学習データとして利用．符号化器は，入力層と 5 つのたたみこみ層と全結合層で構成し，復号化器は，全結合層と 6 つのたたみこみ層で構成した．また，潜在変数の次元は 128 とした．→ 図 11.4.

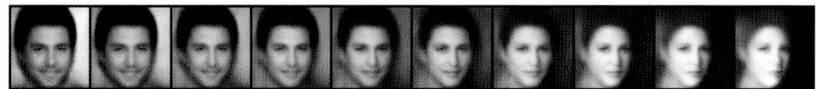

口絵 2　左はしの顔画像と右はしの顔画像を潜在空間において線形補間した潜在変数をもとに生成された顔画像．左から右にむかって，パラメータ λ を 1 から 0 に変化させている．→ 図 11.5.

機械学習

岡留　剛 著

123

ノンパラメトリックモデル/
潜在モデル

共立出版

はじめに

本書は，大学学部の2年生から3年生むけの機械学習の教科書である．現在も発展し，深化しつづけている機械学習の全体を網羅することは，（少なくとも筆者には）不可能であり，本書はそれを意図しない．かといって，深層学習を中心にすえ，画像や言語・音声などの処理への対処法を記述したものでもない．また，機械学習に関するプログラミングの技法を紹介するものでもない．

むしろ，本書は古典機械学習ともよぶべき題材にまとをしぼり，考え方をできるだけ詳細に記述した．手法や技術は，その多くが時間とともに陳腐化するのに対し，考え方を学ぶことは，新たな課題に挑戦するときに役にたつと考えるからである．大量のデータが存在する対象，あるいはその近傍の対象に対しては，深層学習はきわめて高性能を発揮する．しかし，少数のデータしか得ることができない対象も多く，本書で紹介する古典的な機械学習の手法は今後も随所で活躍するであろう．とりわけ，ベイズ的な考え方は，予測の損失最小を保証するという意味で重要である．

多くの大学理工系の学部で初年次に学ぶ，多変数の微積分と固有値問題の基本を含む線形代数は既知とした．確率と統計の基本も既習であることがのぞましいが必須ではない．確率と統計や，対称行列に関する固有値問題などの数学的事項の要点は，必要となる箇所の直前でまとめてある．また，行列の微分の公式も第II部の後ろに付録としてまとめた．

本書は当初，第I部～第V部までを1冊として出版することを意図していたが，読者の便宜を考えて，第I部～第V部を分冊化させ，3巻構成とした（電子版では，当初の意図のとおり，分冊化させずに1冊として出版する）．これにより，自身のレベルに応じた必要な箇所が手に取りやすくなることと思う．分冊化にあたっては，各巻の位置づけを明確にしておくために，以下のようにそれぞれを掲載している.

- はじめに・記法：全巻共通
- 目次：全巻共通
- ページ番号：全巻通し
- 索引：全巻共通（ただし，該当巻のページ番号は下線を入れて示す）

第1巻は，入門的基礎とパラメトリックモデルを含み，第2巻は，ノンパラメトリックモデルと潜在モデルで構成され，第3巻は，機械学習に必要な数学的基礎事項と演習の解答例からなる．この構成からわかるとおり，機械学習の考え方や理論・モデルに早めに取りくめるよう，本来ならば導入部におくべき確率と統計の入門的事項，および，行列の微分を含むアドバンストな章は，第3巻にまわしてある．適宜参照していただいてもいいし，第1章の読後に目をとおしていただいてもよい．各章には，少ないながら演習問題を配置し，第3巻に，それらに対する詳細な解答例をあげた．演習問題には，本文では省いた重要事項や数式の導出も含まれており，それらについては，本文中の該当するところに演習問題の番号をしるした．

本書の執筆では，多くのすぐれた書物を参照させていただいた．とりわけ，『パターン認識と機械学習［上・下］』（C. M. ビショップ，丸善，2007）の影響は随所にみられると思う．数学的記法も同書に準拠した．本書は，第I部 基礎，第II部 パラメトリックモデル，第III部 ノンパラメトリックモデル，第IV部 潜在モデルの4部からなっている．この構成は，*Probabilistic Machine Learning: An Introduction* (K. P. Murphy, MIT Press, 2022) に影響をうけている．Murphy の本では，深層学習を1つの部としているが，本書では，深層学習の部はもうけず，ニューラルネットワークの基礎的事項をパラメトリックモデルの部へ，また，深層生成モデル（の1つである VAE）を潜在モデルの部へおいた．ベイズ推論の重要性に鑑み，潜在モデルを第4部としたことは本書の特徴の1つである．

数学的事項の復習箇所を講義にいれないのであれば，1週90分1コマが15週の講義で，若干詰めこみすぎになるが，すべての章を終えることができると考える．比較的高度な話題である「エビデンス近似」や「ガウス過程」，データマイニングなどの授業で講義する可能性のある「主成分分析」など，いくつかの章や節を省略すれば余裕をもたせることができると思う．また，1 週 90 分 2 コマが 15 週，あるいは 1 週 90 分 1 コマが 30 週の講義であれば，数学的事項を含め，すべてを丁寧にカバーできるであろう．ただし，章によって長さがかなり異なるので，残念ながら，1 コマの講義は，章ごとの「読み切り」になるわけでなく，章の途中で次回につづくこともある．逆に，1 コマに複数の章がはいる状況も起こると思われる．

TeX による清書や，図表の作成では，関西学院大学工学部課程秘書の堀口恵子さんにお世話になった．また，VAE のプログラムと画像の生成は，関西学院大学理工系研究科修士 1 年の山岡大輝さんにお願いした．共立出版の山内千尋さんには，出版の計画時から世にでるまですべての段階で相談にのっていただいた．いくつかの図の作成には，scikit-learn[1)] の API や例プログラムを，ガウス過程回帰の節の図は，GPy[2)] を利用させていただいた．あわせてお礼申しあげる．

2022 年 7 月
岡留　剛

[1)] Pedregosa, F., *et al.* (2011). Scikit-learn: Machine Learning in Python, *JMLR*, **12**, pp.2825–2830.

[2)] http://sheffieldml.github.io/GPy/

記法　Notation

- $\equiv$ は左辺が右辺で定義されることを表わす．たとえば，$n! \equiv n \cdot (n-1)!$, $n > 1$, は，$n!$ が，$n > 1$ なる n に対し，$n \cdot (n-1)!$ で定義されることを表わす．
- イタリック体の小文字（たとえば x）はスカラーを表わす．
- 立体で太字の小文字（たとえば $\mathbf{x}$）は列ベクトルを表わす．ベクトル（や行列）の右肩につけた T は転置を表わし，たとえば，$\mathbf{x}^{\mathrm{T}}$ は行ベクトルとなる．
- この表記のもとで，2 つのベクトル $\mathbf{x}$ と $\mathbf{y}$ の通常の内積は $\mathbf{x}^{\mathrm{T}}\mathbf{y}$ とかける．もちろん，$\mathbf{x}^{\mathrm{T}}\mathbf{y} = \mathbf{y}^{\mathrm{T}}\mathbf{x}$ が成りたつ．
- ベクトル $\mathbf{x}$ に対し，$\|\mathbf{x}\|$ は，そのノルム（大きさ）を表わし，$\|\mathbf{x}\| \equiv \sqrt{\mathbf{x}^{\mathrm{T}}\mathbf{x}}$ で定義される．
- 立体で太字の大文字（たとえば $\mathbf{M}$）は行列を表わす．とくに，$\mathbf{I}$ は単位行列を表わす．また，$\mathbf{M}^{\mathrm{T}}$ は，$\mathbf{M}$ の転置行列を表わす．
- (a, b) は開区間を，$[a, b]$ は閉区間を表わす．ただし，x 座標が a で，y 座標は b の 2 次元平面上の点の座標表示など，実数 a, b の組も (a, b) で表わす．
- 行ベクトルの成分表示は，$(a_1 \ \cdots \ a_D)$ のように，カンマのない表現とする．
- N 個の D 次元ベクトルの観測値 $\mathbf{x}_1, \ldots, \mathbf{x}_N$ に対し，$\mathbf{X}$ は，集合 $\{\mathbf{x}_1, \ldots, \mathbf{x}_N\}$ を表わす．ただし，$\mathbf{X}$ は，第 i 行が $\mathbf{x}_i^{\mathrm{T}}$ である行列を表わすこともある．また，N 個のスカラー観測値をならべた 1 次元ベクトルは，x（N 次元ベクトル；フォント注意）とかく．
- 観測値の集合以外の一般的な集合は，イタリック体の大文字（たとえば S）で表わす．とくに，実数全体の集合は $\boldsymbol{R}$，D 次元実ベクトル全体は $\boldsymbol{R}^D$ で表わす．ただし，データの集合は $\mathcal{D}$ で表わす．
- スカラー値をとる関数はイタリック体（たとえば $f(\mathbf{x})$）で表わす．また，ベクトル値をとる関数は太字（たとえば $\boldsymbol{\phi}(\mathbf{x})$）で表わす．

目　次

第1巻　入門的基礎／パラメトリックモデル

第 2 巻　ノンパラメトリックモデル／潜在モデル

第3巻　数学事項：機械学習のいしずえ／演習問題解答

第 III 部
ノンパラメトリックモデル

第6章　訓練データ保持型の学習

6.1　はじめに

線形回帰やニューラルネットワークでは，訓練データは，学習時にパラメータの決定のためにもちいられ，いったんパラメータが決まったらそれは不要となる．それに対し，訓練データのすべてを保持しておき，それをつかって回帰や分類，確率密度推定をおこなう手法がある．英語ではそれらを総称して exemplar-based methods という．本書では，訓練データ保持型の学習とよび，本章では，訓練データ保持型の学習手法の 1 つであるノンパラメトリックな確率密度関数の推定と，それを応用した回帰手法である Nadaraya-Watson モデルを紹介する．Nadaraya-Watson モデルは，訓練データ保持型の学習の例でもあるが，次章でのべるカーネル手法の 1 つにもなっている．

6.2　確率密度関数の推定：ノンパラメトリック

第 II 部の第 2 章では，ガウス分布やガンマ分布などといった分布の族を仮定し，あたえられたデータにあうように分布のパラメータを推定するパラメトリックな確率密度推定手法を紹介した．本章では，特定の分布族は仮定しないで，あたえられたデータにあうように分布をつくるノンパラメトリックな手法をいくつか紹介する．ノンパラメトリック手法には，おもに，ヒストグラム密度推定法とカーネル密度推定法，k 近傍法がある．これらを順に説明しよう．

6.2.1　ヒストグラム密度推定法

まず，ヒストグラム密度推定法について説明しよう．ここでは，1 次元確率変数 x を考え，N 個の実現値（観測データ）を $\{x_1, \ldots, x_N\}$ とする．幅 Δ_i の区間に x を区切り，i 番めの区間にはいった観測値の数 n_i をかぞえ，各観測値数を正規化して確率密度にする（図 6.1）．すなわち，観測値総数を N とすると，各区間の確率密度は $p_i = \dfrac{n_i}{N\Delta_i}$ である．

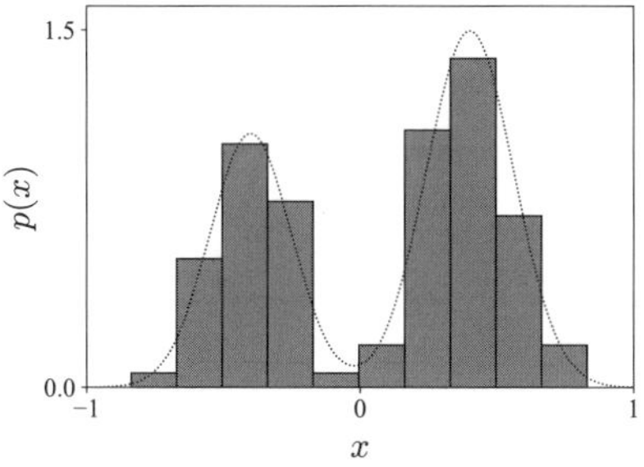

図 **6.1**　ヒストグラム密度推定法．x を幅 Δ_i の区間に区切り，i 番めの区間にはいった観測値の数 n_i をかぞえ，各観測値数を正規化して確率密度にする．点線は，データを生成した x の確率密度関数．

■ 区切り幅：超パラメータ

推定密度は，x の区切り幅 Δ_i に大きく依存する（図 6.2）．小さすぎる区間幅であると，変動がはげしいヒストグラムとなるのに対し，大きすぎる区間幅だと，右肩あがりのヒストグラムとなり，いずれにしても 2 山分布である x の分布の特徴がうしなわれていることがわかる．x の分布の特徴をとらえるためには，適切な区間幅を選択することが重要である．AIC や BIC といった情報量基準によって区間幅を決める方法がよくもちいられる．ヒストグラム密度推定法には，単純で，データを保持する必要がないという利点がある．しかし，次元の呪いの洗礼をまともにうけ，低次元にしかつかえないという欠点がある．それに対し，以下でのべるカーネル密度推定法と k 近傍法は，ヒストグラム密度推定法ほどには次元の呪いにはかからず，高次元でもそれなりに利

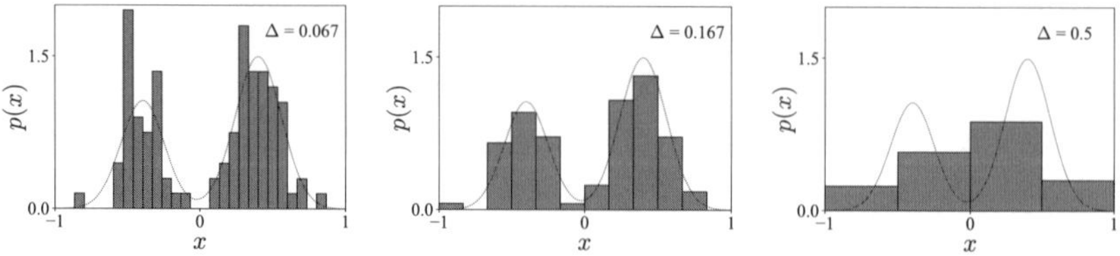

図 **6.2**　区切り幅をかえたときの推定密度（ヒストグラム）の例．点線で示された混合ガウス分布の確率密度関数から 100 個のデータを生成し，そのデータに対し，区間幅 0.067，0.167，0.5 のヒストグラムを作成．

用できるという利点がある（ただし，カーネル密度推定法も k 近傍法も，次元があがるにしたがって密度推定の精度が悪化するという意味で次元の呪いにかかる）．

6.2.2　カーネル密度推定法

つぎにカーネル密度推定法を紹介しよう．これも，1 次元確率変数 x を考え，x の分布から生成されたデータを $\{x_1, \ldots, x_N\}$ とする．カーネル密度推定法は，**カーネル関数**といわれる x の関数 $k(x)$ をもちいる[1)]．カーネル関数には，さまざまなものがあるが，カーネル密度推定のためには，$k(x) \geq 0$ で，$\int_{-\infty}^{\infty} k(x)\,dx = 1$ をみたし，通常は，$x = 0$ の近傍で大きな値をとり，0 から離れたところでは小さな値をとる関数を選択する．この方法では，用意したカーネル関数をもちいて x の確率密度関数を

$$p(x) = \frac{1}{N}\sum_{n=1}^{N}\frac{1}{h}k\left(\frac{x - x_n}{h}\right) \tag{6.2.1}$$

と推定する（図 6.3）．ここで，h は**平滑化パラメータ**とよばれる．

■ カーネル関数と平滑化パラメータ

よくもちいられるカーネル関数には，矩形関数とガウスカーネルがある．矩形関数は，

1) 7.2 節で定義するように，カーネル関数は 2 変数関数である．ここであつかうカーネル関数は，2 変数の差のノルムで値が定まるので，1 変数関数としてかいている．

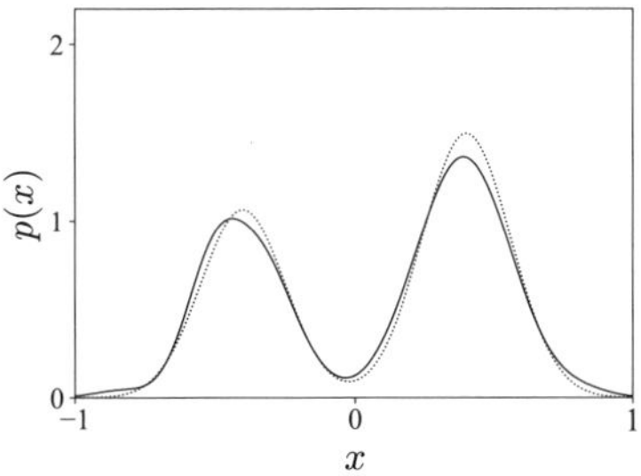

図 **6.3**　カーネル密度推定法．点線は x の確率密度関数で，実線は，カーネル密度推定法で推定された確率密度関数．

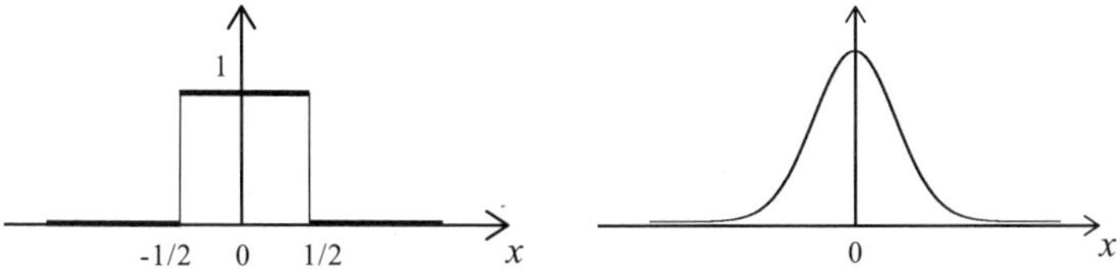

(a) 矩形関数．　(b) ガウスカーネル．

図 **6.4**　カーネル密度推定法で，カーネル関数としてよくもちいられる関数．

$$k(u) = \begin{cases} 1, & |u| \leq 1/2, \\ 0, & \text{otherwise} \end{cases}$$

で定義される（図 6.4a）．また，ガウスカーネルは，

$$k(u) = \frac{1}{\sqrt{2\pi}} e^{-\frac{u^2}{2}}$$

で定義される[2)]（図 6.4b）．

---

2) 一般には，ガウスカーネルは，$k(u) = e^{-\frac{u^2}{2s^2}}$（$s$ はパラメータ）と定義され，正規化されている必要はない．しかし，密度推定の式 (6.2.1) の右辺の各項は，データ数 N でわられているので，カーネル密度推定のときにもちいるガウスカーネルは，正規化されている必要があり，$s = 1$ とし，$\frac{1}{\sqrt{2\pi}}$ をかけたものとなっている．

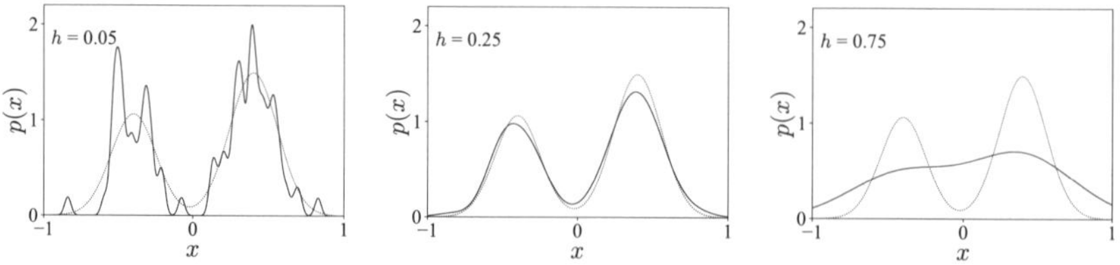

図 **6.5** 平滑化パラメータ h のちがいのカーネル密度推定結果への影響．点線で示された混合ガウス分布の確率密度関数から 100 個のデータを生成し，そのデータに対し，平滑化パラメータ値として 0.05，0.25，0.75 のときの推定密度を作成．

ヒストグラム密度推定法において，推定されるヒストグラムが区間幅に依存するのと同様に，カーネル密度推定法によって推定される密度関数は，平滑化パラメータ h に依存する（図 6.5）．すなわち，小さすぎる h では，推定される密度関数は変動がはげしくなり，逆に，大きすぎる h では，推定される密度関数は単調となり，いずれにしても x の密度関数の特徴をとらえることができない．また，カーネル密度推定法では，カーネル幅を定めるパラメータ h が，データ点のまわりにおくカーネル関数で同一のため，データの密度が高い領域では，h が大きすぎると平滑化されすぎ，そうでなければ，分布がもつ構造が消されることが起きる．逆に，密度が低い領域では，h が小さいと，ノイズの影響を大きくうけてしまう．空間内のデータの密度の高低により，空間内の位置で h の値をかえることが望ましい．場所ごとのデータ密度のちがいを反映させて密度推定をおこなうのが k 近傍による確率密度推定である．それを紹介する前に，カーネル密度推定法の応用を 1 つあげよう．

6.3 Nadaraya-Watson モデル

カーネル密度推定法をつかった回帰として，Nadaraya-Watson モデルを紹介する．このモデルは，第 7 章で紹介するカーネル法の 1 つにもなっている．学習データを $\mathcal{D} = \{(\mathbf{x}_1, t_1), \ldots, (\mathbf{x}_N, t_N)\}$ とする．第 I 部の 1.6.1 項で学んだように，新たな入力 $\mathbf{x}$ に対して，

$$y^*(\mathbf{x}) = \mathbb{E}[t \,|\, \mathbf{x}] = \int_{-\infty}^{\infty} t \cdot p(t \,|\, \mathbf{x})\, dt$$

が，期待 2 乗誤差損失を最小にするという意味で最適な予測である．しかし，

一般に，条件つき分布 $p(t\,|\,\mathbf{x})$ は未知であるため最適な予測を求めることはできない．そこで，上式右辺の近似を導こう．まず，カーネル密度推定法により，学習データ $\mathcal{D}$ をもとに $\mathbf{x}$ と t の同時分布を

$$\hat{p}(\mathbf{x},\, t) = \frac{1}{N}\sum_{n=1}^{N} f(\mathbf{x}-\mathbf{x}_n,\, t-t_n) \tag{6.3.1}$$

と推定する[3)]．ただし，$f(\mathbf{x},\, t)$ は，正規化された多次元矩形関数や多次元ガウス分布などの確率密度関数である．この推定した同時分布をもちいて，条件つき分布の近似 $\hat{p}(t\,|\,\mathbf{x})$ を

$$\hat{p}(t\,|\,\mathbf{x}) = \frac{\hat{p}(\mathbf{x},\, t)}{\displaystyle\int \hat{p}(\mathbf{x},\, t)\, dt}$$

とすると，最適予測 $y^*(\mathbf{x})$ の近似が

$$y(\mathbf{x}) = \int_{-\infty}^{\infty} t\cdot\hat{p}(t\,|\,\mathbf{x})\, dt = \frac{\displaystyle\int t\cdot\hat{p}(\mathbf{x},\, t)\, dt}{\displaystyle\int \hat{p}(\mathbf{x},\, t)\, dt}$$

$$= \frac{\displaystyle\sum_{n=1}^{N}\int t\cdot f(\mathbf{x}-\mathbf{x}_n,\, t-t_n)\, dt}{\displaystyle\sum_{m=1}^{N}\int f(\mathbf{x}-\mathbf{x}_m,\, t-t_m)\, dt}$$

と求まる．

以下簡単のため，すべての $\mathbf{x}$ に対して，t の「確率密度関数」としてみた $f(\mathbf{x},\, t)$ の平均は 0 と仮定する．すなわち，

$$\int_{-\infty}^{\infty} f(\mathbf{x},\, t)\cdot t\, dt = 0.$$

多次元矩形関数や多次元ガウス分布を $f(\mathbf{x},\, t)$ として採用すれば，この仮定をみたすのはたやすい．この仮定のもとで，入力変数 $\mathbf{x}$ の周辺密度を

---

3) 6.2.2 項では，1 次元の密度推定をあつかったのに対し，ここでは，多次元の密度推定になっている．1 次元のカーネル密度推定法の多次元への拡張は容易である．

$$g(\mathbf{x}) = \int_{-\infty}^{\infty} f(\mathbf{x},\ t)\,dt$$

とおくと

$$y(\mathbf{x}) = \frac{\displaystyle\sum_{n=1}^{N} g(\mathbf{x}-\mathbf{x}_n)t_n}{\displaystyle\sum_{m=1}^{N} g(\mathbf{x}-\mathbf{x}_m)} = \sum_{n=1}^{N} k(\mathbf{x},\ \mathbf{x}_n)\,t_n \tag{6.3.2}$$

を得る．ただし，

$$k(\mathbf{x},\ \mathbf{x}_n) = \frac{g(\mathbf{x}-\mathbf{x}_n)}{\displaystyle\sum_{m=1}^{N} g(\mathbf{x}-\mathbf{x}_m)} \tag{6.3.3}$$

は，カーネル関数としての性質をもつ関数である[4)]．式 (6.3.2) は，**Nadaraya-Watson** モデル，あるいはカーネル回帰モデルとよばれ，入力 $\mathbf{x}$ に対する予測は，カーネル関数値 $k(\mathbf{x}, \mathbf{x}_n)$ を重みとする各データ点 t_n の重みづけ線形和であたえられる．同時分布 $p(\mathbf{x}, t)$ のカーネル密度推定法で局所的なカーネル関数 $f(\mathbf{x}, t)$ をもちいれば $k(\mathbf{x}, \mathbf{x}_n)$ も局所的になり，その場合，Nadaraya-Watson モデルでは，入力 $\mathbf{x}$ に近い $\mathbf{x}_n$ のデータ点の t_n ほど大きな重みがあたえられる．

カーネル関数 (6.3.3) については

$$\sum_{n=1}^{N} k(\mathbf{x},\ \mathbf{x}_n) = 1$$

が成りたつ．すなわち，カーネル関数 (6.3.3) は規格化（和が 1）されている．一般に，入力に依存する重みが規格化されていない場合，すべての重みが小さな値になるところでは，重みの線形和による回帰予測値は小さな値しかとりえない．Nadaraya-Watson モデルでは，重みとしてのカーネル関数が規格化されているので，それらのすべてが小さくなるような入力値 $\mathbf{x}$ は存在せず，予

[4)] 式 (6.3.3) の関数 $k(\mathbf{x},\ \mathbf{x}')$ は，7.2 節で導入するカーネル関数の定義をみたす．

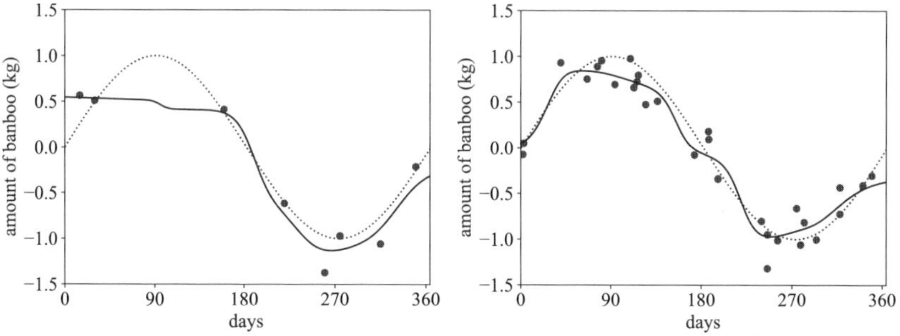

(a) 8 個のデータ点.　　(b) 30 個のデータ点.

図 6.6 Nadaraya-Watson モデルによる回帰例（実線）．カーネル密度推定にはガウスカーネルをもちいている．ただし，そのスケールパラメータ（分散パラメータ）は，データ点の x 座標値の分散の 1/5 とした．データ点は，点線で示された $\sin(2\pi x/365)$ に，平均 0 で分散 0.2 のガウス分布にしたがったノイズをくわえて生成した．

測値が小さな値しかとりえないところができることは回避される．

Nadaraya-Watson モデルは，カーネル密度推定法で求めた確率密度関数による目標変数の条件つき期待値であるが，条件つき分布の近似 $\hat{p}(t\,|\,\mathbf{x})$ も

$$\hat{p}(t\,|\,\mathbf{x}) = \frac{\hat{p}(\mathbf{x},\,t)}{\displaystyle\int \hat{p}(\mathbf{x},\,t)\,dt} = \frac{\displaystyle\sum_{n=1}^{N} f(\mathbf{x}-\mathbf{x}_n,\,t-t_n)}{\displaystyle\sum_{m=1}^{N} \int f(\mathbf{x}-\mathbf{x}_m,\,t-t_m)\,dt}$$

として求めることができ，これによりほかの期待値も計算できることに注意してほしい．

図 6.6a は，第 I 部の 1.2.3 項でつかったパンダのたべる笹の量（図 1.3 参照）に対して，8 個のデータ点をつかった Nadaraya-Watson モデルで回帰した結果を示している．また，図 6.6b は，30 個のデータ点に対する Nadaraya-Watson モデルでの回帰結果である．両者とも，カーネル密度推定にはガウスカーネルをもちいている．

式 (6.3.2) からわかるように，Nadaraya-Watson モデルでは，基底関数

（カーネル関数）がデータ点に関連づけられ，すべてのデータが回帰式の中で陽に出現している．そのため，データが増えた場合，予測の計算にコストがかかる．その欠点を克服するため，基底関数の数を制限して，データ数よりも小さくなるモデルが提案されている．ただし，第II部の第3章で学んだ線形回帰モデルとは異なり，各基底関数の中心位置は入力データ $\{\mathbf{x}_n\}$ から定め，（データの目標変数値 t_n をもちいるのではなく）最小2乗法により重みを決定する．基底関数の中心位置の代表的な決めかたとしては，簡単には，全データからデータをあらかじめ定めた数だけランダムに抽出してその入力データを基底関数の中心とする方法や，クラスタリングアルゴリズムを利用して，全データをグループにわけ，グループの入力データの平均とする方法などがある．

6.4　$\boldsymbol{k}$ 近傍法

本節では，最も単純な学習アルゴリズムである k 近傍法によるクラス分類法を紹介し，ベイズ決定則からみたその手法の妥当性を示すため，k 近傍法による確率密度推定を導入する．訓練データは，点と，それが属するクラスラベルの対からなるとする．**$\boldsymbol{k}$ 近傍法**では，訓練データをすべて保持しておき，新たなデータ点 $\mathbf{x}$ を分類するとき，$\mathbf{x}$ から距離[5)]が近い k 個の訓練データ（**$\boldsymbol{k}$ 近傍**）のうち，最も多数のクラスに $\mathbf{x}$ を割りあてる（図6.7）．ただし，最多のクラスが複数あるときにはランダムに1つのクラスを選ぶ．とくに $k=1$ の場合は，テスト点は単純に訓練集合中で最も近い点と同じクラスになるため，**最近傍法**あるいは**最近傍則**とよばれる．なお，クラスラベルではなく目標値をデータ点に付与し，k 近傍内の目標値の平均をとるなどすれば回帰モデルにもなる．

図6.8aは，17歳の日本人男子20名と女子20名の身長および体重の2次元

---

5) 点 $\mathbf{x}$ と $\mathbf{y}$ の距離としては，ユークリッド距離 $\sqrt{(\mathbf{x}-\mathbf{y})^{\mathrm{T}}(\mathbf{x}-\mathbf{y})}$ が通常もちいられる．また，訓練データ（多次元ベクトル）の各成分のばらつきが大きいとき，あるいは成分間の相関が強いときには，マハラノビス距離がもちいられることもある．マハラノビス距離は，訓練データ集合の共分散行列を $\boldsymbol{\Sigma}$ として $\sqrt{(\mathbf{x}-\mathbf{y})^{\mathrm{T}}\boldsymbol{\Sigma}^{-1}(\mathbf{x}-\mathbf{y})}$ で定義される．これは，訓練データのばらつきが小さい成分方向と，相関が小さい成分どうしに重きをおいた距離である．

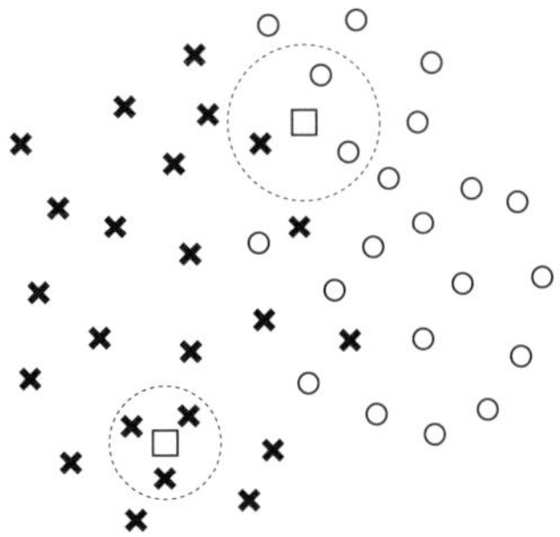

図 6.7 k 近傍．新たなデータ点を中心とした訓練データを k 個ふくむ球．

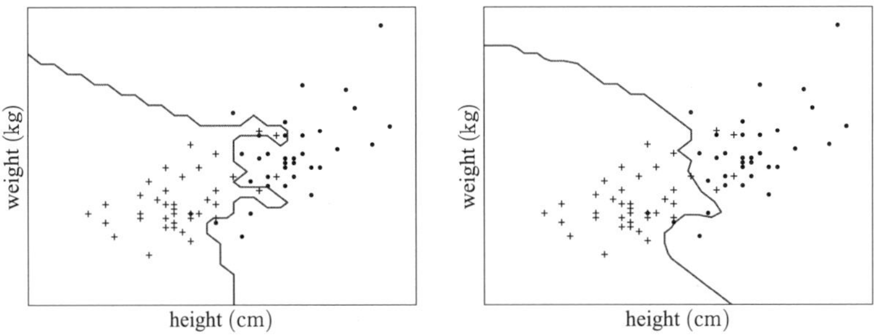

(a) $k = 1$.　(b) $k = 5$.

図 6.8 17 歳の日本人男子 20 名と女子 20 名の身長および体重の 2 次元データ（横軸が身長で，縦軸は体重）と，k 近傍法で男女を分類したときの決定境界を示す．データは，日本政府統計ポータルサイトにある学校保健統計調査 2018 年のデータ（政府統計コード：00400002）をもとに作成．

データ[6)]に対し，$k = 1$ としたときの k 近傍法で男女を分類した決定境界を示す．また，図 6.8b は，同じデータに対して $k = 5$ としたときの分類結果である．

また，8.3 節に掲載した図 8.6 には，人工データに対し，k 近傍法によって分類したときの決定境界を，第 II 部の第 5 章で紹介したニューラルネットワ

6) http://www.mext.go.jp/b_menu/toukei/chousa05/hoken/1268826.htm

ークと，7.4 節で取りあげる SVM によって分類したときの決定境界とともにあげた．

一般に，k が小さければ，訓練データにのるノイズの影響を受けやすい．逆に，k が必要以上に大きければ，分類性能がわるくなる．それゆえ k を適切に決める必要があり，通常は交差検証で k の値を定める．

k 近傍法による分類がうまくはたらくことは直感的には明らかであろう．以下では，これがベイズ決定則の観点からも妥当であることを示す．まず，k 近傍法による確率密度推定を導入する．データがしたがう分布を $p(\mathbf{x})$ としよう．小領域 $\mathcal{R}$ を考えると，この領域に分布 $p(\mathbf{x})$ から生成された点が落ちる確率は

$$P = \int_{\mathcal{R}} p(\mathbf{x})\, d\mathbf{x}$$

である．いま，データ集合には点が N 個あるとすると，データ集合中の点が領域 $\mathcal{R}$ に k 個存在する確率は，各データ点は確率 P で $\mathcal{R}$ にはいるから，2 項分布

$$\frac{N!}{k!(N-k)!} P^k (1-P)^{N-k}$$

であたえられる．2 項分布の期待値は $\mathbb{E}[k] = N \cdot P$ で，分散は $\mathbb{V}[k] = N \cdot P(1-P)$ である（第 V 部の第 12 章参照）から，データ点が領域 $\mathcal{R}$ にある割合 $\frac{k}{N}$ の期待値は $\mathbb{E}\left[\frac{k}{N}\right] = P$ で，また，分散は $\mathbb{V}\left[\frac{k}{N}\right] = P(1-P)/N$ となる．データ数 N が大きいときには，分散は小さくなるので，近似的に $\frac{k}{N} \approx P$ と仮定できる．また，領域 $\mathcal{R}$ の体積 V が十分に小さければ $\mathcal{R}$ で $p(\mathbf{x})$ は一定であると仮定できるので，$P \approx p(\mathbf{x})V$ が成りたつ．これら 2 つの式より

$$p(\mathbf{x}) \approx \frac{k}{NV} \tag{6.4.1}$$

を得る．密度値を推定したい点 $\mathbf{x}$ を中心とした球を考えて，ちょうど k 個のデータ点がはいるまでその球の半径を広げたとしよう．そのときの球の体積を V とすると，式 (6.4.1) を推定確率密度とするのが，**$\boldsymbol{k}$ 近傍法による確率密度推定法**である．

さて，k 近傍法による分類は，k 近傍法による密度推定を各クラスごとに適

用し，点 $\mathbf{x}$ に対し，その所属事後確率が最大となるクラスに割りあてることに相当する．以下，これを示そう．クラス $\mathcal{C}_i$ に属する訓練データは N_i 個あるとする．すると $\sum_i N_i = N$ である．このとき，新たな点 $\mathbf{x}$ を中心とし，クラスは考えずに k 個の点をふくむような球をみつける．この球は，体積が V で，クラス $\mathcal{C}_i$ の点をそれぞれ k_i 個ずつふくむとする．すると，式 (6.4.1) より各クラスの推定密度が得られる．すなわち，

$$p(\mathbf{x} \mid \mathcal{C}_i) = \frac{k_i}{N_i V}. \tag{6.4.2}$$

同様に，クラスを無視した推定密度は

$$p(\mathbf{x}) = \frac{k}{NV} \tag{6.4.3}$$

である．また，クラスの事前分布は，各クラスに属する訓練データの割合と考えるのが自然であるので

$$p(\mathcal{C}_i) = \frac{N_i}{N} \tag{6.4.4}$$

になる．データ点 $\mathbf{x}$ がクラス $\mathcal{C}_i$ に属する事後確率は，ベイズの定理により

$$p(\mathcal{C}_i \mid \mathbf{x}) = \frac{p(\mathbf{x} \mid \mathcal{C}_i) p(\mathcal{C}_i)}{p(\mathbf{x})}$$

であるから，これに式 (6.4.2)，(6.4.3)，(6.4.4) を代入することにより

$$p(\mathcal{C}_i \mid \mathbf{x}) = \frac{k_i}{k} \tag{6.4.5}$$

となる．よって，誤分類の確率を最小にするには，事後確率 $\frac{k_i}{k}$ を最大にするクラス，すなわち，$\mathbf{x}$ の k 近傍がふくむ訓練データのうちで最多のクラスとなるクラスを割りあてればよい．そのとき，$\mathbf{x}$ がクラス $\mathcal{C}_i$ に所属する確率が式 (6.4.5) であたえられる．

さきにのべたように，k 近傍法は，データ集合すべてを保持しなくてはならない．そのため，データ集合が大きいとその保存領域も比例して大きくなり，さらに，検索の計算量も膨大となる．もちろん，データ集合を探索に特化した木構造の形で保持するなどすれば，いくぶん効率的に近傍をみつけることができる．しかし，それでも保存領域や検索の計算量はきわめて大きい．このよう

な制約があるが，k 近傍法は，とりわけ訓練データが多く，かたよりがないときには高精度な分類性能をだす．そのため，ほかの分類器の性能評価のリファレンスとしてしばしば利用される．

6.4.1　ノンパラメトリック密度推定の利害得失

ヒストグラム密度推定法は，単純で，データを保持する必要がないのが利点である．しかし，全空間をメッシュにきり，メッシュ領域にはいるデータをかぞえるため，データが少ないと密度が0の領域が増えてしまう．そのため，次元の呪いの洗礼をまともにうけ，低次元（通常は1次元ないしは2次元）にしかつかえないという欠点がある．

それに対し，カーネル密度推定法と k 近傍法は，データが少ない場合にも，ヒストグラム密度推定法ほどには密度が0となる領域は増えず，それなりに高次元でも利用できるという利点がある（ただし，やはり，次元があがるにしたがって密度推定の精度が悪化する次元の呪いにかかる）．カーネル密度推定法では，カーネル幅を定めるパラメータ h が，データ点のまわりにおくカーネル関数で同一のため，データの密度が高い領域では，h が大きすぎると平滑化されすぎ，そうでなければ，分布がもつ構造が消されることが起きる．逆に，密度が低い領域では，h が小さいと，ノイズの影響を大きくうけてしまう．空間内のデータの密度の高低により，空間内の位置で h の値をかえることが望ましい．

場所ごとのデータ密度のちがいを反映させて密度推定をおこなうのが k 近傍による確率密度推定法である．ただし，k 近傍法による確率密度推定では，データをすべて保持しておく必要がある．また，k 近傍法による確率密度推定で得られる確率分布は，空間全体上での積分が発散するので，正規化された確率密度関数にはなっていない（演習 6.2）．

演習問題

演習 6.1（Nadaraya-Watson モデルにおける条件つき分布） K を $K \geq 2$ なる整数としたとき，K 個のガウス分布の線形和

$$p(x) = \sum_{i=1}^{K} \pi_i \mathcal{N}(x \mid \mu_i,\, \sigma_i^2)$$

を混合ガウス分布という．ただし，$p_i \geq 0$, $i = 1, \ldots, K$，は混合係数といわれ，$\sum_{i=1}^{K} p_i = 1$ をみたす．入力 x が 1 次元で，Parzen 確率密度推定法のカーネル関数 $f(x, t)$ が，平均 $\mathbf{0}$ で分散 $\sigma^2\mathbf{I}$（$\mathbf{I}$ は 2×2 の単位行列）のガウス分布である Nadaraya-Watson モデルを考える．このとき，目標変数 t の条件つき分布の近似 $\hat{p}(t \mid x)$ は混合ガウス分布であることを示し，混合係数を求めよ．

演習 6.2（$\boldsymbol{k}$ 近傍法推定密度の変則性） $\mathbf{x}$ を D 次元確率変数ベクトルとする．$\mathbf{x}$ の確率分布にしたがって生成された N 個のデータ点 $\mathbf{x}_1, \ldots, \mathbf{x}_N$ に対し，k 近傍法による確率密度推定で得られる $\mathbf{x}$ の確率密度関数は

$$p(\mathbf{x}) = \frac{k}{NV_{\mathbf{x}}}$$

である．ただし，k は定まった定数で，$V_{\mathbf{x}}$ は，$\mathbf{x}$ を中心とし，データ点が k 個はいっている最小の D 次元球の体積である．半径 r の D 次元球の体積は r^D に比例することと，D 重積分 $\int \frac{1}{(\|\mathbf{x}\|+R)^D} d\mathbf{x}$，$R$ は定数，は（単）積分 $\int_0^\infty \frac{r^{D-1}}{(r+R)^D} dr$ に等しいことをつかって，$p(\mathbf{x})$ の積分が発散することを示せ．ちなみに，積分が発散する「密度関数」を変則分布という．

第7章　カーネル法

7.1　はじめに

この章では，回帰と分類のためのノンパラメトリック手法の1つとしてカーネル法を紹介する．カーネル法は，回帰モデルや分類器を表現する関数に対し，固定したパラメトリックな形式を仮定せずに，それらをデータから直接推定する手法である．より具体的にのべよう．カーネル法は，定めたい未知なる関数を $f(\mathbf{x})$ としたとき，N 個の固定された点 $\mathbf{x}_n$, $n = 1, \ldots, N$, での観測値 $y_n(= f(\mathbf{x}_n))$ をもちいて，任意の $\mathbf{x}$ に対し，$\mathbf{x}$ と $\mathbf{x}_n$ の類似度 $k(\mathbf{x}, \mathbf{x}_n)$ を重みとした y_n の加重平均として関数 $f(\mathbf{x})$ の値を決定する手法の総称である．ここで，類似度を表現する $k(\mathbf{x}, \mathbf{x}')$ はカーネル関数とよばれる2変数関数である．

カーネル法では，予測をおこなうために，基本的には，訓練データ $\mathcal{D} = \{(\mathbf{x}_n, y_n)\}$ 全体を記憶しておく必要がある．まず，7.2節で，カーネル関数を簡潔にのべる．つづいて，7.3節では，回帰を題材に，ガウス過程とよばれるベイズ統計的アプローチについて解説する．さらに，7.4節では，分類問題を対象に，カーネル関数を利用したサポートベクトルマシン (SVM) とよばれる手法を紹介する．SVMは，カーネル法の1つでありながら，分類に必要となる訓練データを削減することができる．

7.2　カーネル関数

カーネル関数は，直感的には，ベクトル $\mathbf{x}$, $\mathbf{x}'$ が「似ていれば」大きな値を

とり，「似ていなければ」小さな値をとる 2 変数関数 $k(\mathbf{x}, \mathbf{x}')$ である．たとえば，ベクトル $\mathbf{x}, \mathbf{x}'$ の通常の内積 $\mathbf{x}^{\mathrm{T}}\mathbf{x}'$ はカーネル関数である．通常の内積は，$\mathbf{x}, \mathbf{x}'$ のなす角を θ としたとき，$|\mathbf{x}| \cdot |\mathbf{x}'| \cos\theta$ とかけるので，ベクトル $\mathbf{x}, \mathbf{x}'$ が同じ方向をむいているとき最大値をとり，直交しているときには 0 で，反対方向のとき最も小さくなる．同じ方向をむいているベクトルほど似ていると考えれば，内積は，2 つのベクトルの似ている度合いを表わしている．

7.2.1 定義

正確な定義をのべよう．ここでは，入力を $\boldsymbol{R}^D$ のベクトルに限定し，また，実数値をとるカーネル関数にかぎる[1)]．カーネル関数は，正定値カーネルともよばれ，以下をみたす 2 変数関数である．

(1) 対称性：$k(\mathbf{x}, \mathbf{x}') = k(\mathbf{x}', \mathbf{x})$,

(2) 正定値性：N を任意の正の整数としたとき，N 個の任意の点 $\mathbf{x}_i \in \boldsymbol{R}^D$, $i = 1, \ldots, N$, に対し，すべての $c_i \in \boldsymbol{R}$, $i = 1, \ldots, N$, について

$$\sum_{i=1}^{N}\sum_{j=1}^{N} k(\mathbf{x}_i, \mathbf{x}_j) c_i c_j \geq 0$$

が成りたつ．

2 番めの正定値性は，N を任意の正の整数としたとき，N 個の任意の点 $\mathbf{x}_i \in \boldsymbol{R}^D$ に対し，$N \times N$ のグラム行列

$$\mathbf{K} = \begin{pmatrix} k(\mathbf{x}_1, \mathbf{x}_1) & \cdots & k(\mathbf{x}_1, \mathbf{x}_N) \\ \vdots & \ddots & \vdots \\ k(\mathbf{x}_N, \mathbf{x}_1) & \cdots & k(\mathbf{x}_N, \mathbf{x}_N) \end{pmatrix}$$

が正定値行列であることを意味する．

この定義にしたがうカーネル関数が，ベクトル $\mathbf{x}, \mathbf{x}'$ の類似度とみなせるこ

1) カーネル関数は，木やグラフ，文字列といった非数値的な構造の対象についても定義でき，たとえば，2 つの木に対して定義される木カーネルは，2 つの木の類似度を表現する．また，複素数値をとるカーネル関数を考えることもできる．

との妥当性を厳密に論証することは本書の程度をこえるので，ここでは，カーネル関数が類似度とみなせることを示す性質を簡潔にのべよう．それは，カーネル関数 $k(\mathbf{x}, \mathbf{x}')$ に対し，

(1) 特徴空間とよばれるある空間（有限次元とはかぎらない）H_k と，
(2) $\boldsymbol{R}^D$ から H_k への写像 $\boldsymbol{\phi} : \boldsymbol{R}^D \to H_k$ が存在して，

$k(\mathbf{x}, \mathbf{x}') = \boldsymbol{\phi}(\mathbf{x})^{\mathrm{T}}\boldsymbol{\phi}(\mathbf{x})$ となることが保証されるという性質である．つまり，カーネル関数が，ベクトル $\mathbf{x}, \mathbf{x}'$ の類似度とみなせるのは，それらに対するカーネル関数値が，特徴空間 H_k 上の内積として表現されるからである．

たとえば，**2次カーネル**とよばれる $k_s(\mathbf{x}, \mathbf{x}') = (\mathbf{x}^{\mathrm{T}}\mathbf{x}')^2$ を考えよう．いま，入力 $\mathbf{x}$ を2次元空間の点（2次元ベクトル）であるとすると，これは

$$k_s(\mathbf{x}, \mathbf{x}') = (x_1x_1' + x_2x_2')^2 = x_1^2(x_1')^2 + 2x_1x_2x_1'x_2' + x_2^2(x_2')^2$$

と書きあらわせる．ここで，$\boldsymbol{\phi}(x_1, x_2) = (x_1^2 \ \ \sqrt{2}x_1x_2 \ \ x_2^2)^{\mathrm{T}} \in \boldsymbol{R}^3$ と定義すると，$k_s(\mathbf{x}, \mathbf{x}') = \boldsymbol{\phi}(\mathbf{x})^{\mathrm{T}}\boldsymbol{\phi}(\mathbf{x}')$ とかくことができる．すなわち，2つの2次元ベクトル $\mathbf{x}, \mathbf{x}'$ を入力とする2次カーネルは，3次元特徴空間での内積 $\boldsymbol{\phi}(\mathbf{x})^{\mathrm{T}}\boldsymbol{\phi}(\mathbf{x}')$ として表現される．

7.2.2　代表的なカーネル

有名なカーネル関数をあげよう．そのうちのいくつかに対しては，カーネル関数としての有効性，つまりカーネル関数の定義にのっとっていることを直接たしかめることができる．また，あとで紹介する新たなカーネル関数の作成法をつかって有効性が証明されるものもある．まず，最も単純なカーネルは，線形カーネル

$$k_l(\mathbf{x}, \mathbf{x}') = \mathbf{x}^{\mathrm{T}}\mathbf{x}'$$

で，これは $\mathbf{x}$ と $\mathbf{x}'$ の内積そのものである．この線形カーネルをもとに定義される

$$k_{poly}(\mathbf{x}, \mathbf{x}') = (\mathbf{x}^{\mathrm{T}}\mathbf{x}' + c)^d$$

は d 次の**多項式カーネル**とよばれる．ただし，$c > 0$ は定数で，d は正の整数である．

最も広くつかわれているカーネルは，

$$k_g(\mathbf{x}, \mathbf{x}') = \exp\left(-\frac{\|\mathbf{x} - \mathbf{x}'\|^2}{2s^2}\right)$$

で定義される**ガウスカーネル**（あるいは**RBF カーネル**）である．ここで，s は，スケールを調整するパラメータである．ガウスカーネルは，$\boldsymbol{R}^D$ 中の2つのベクトルの類似性を，（スケーリングされた）ユークリッド距離をもちいて表現している．ガウスカーネルに対する特徴空間は無限次元であることが知られている．なお，ガウスカーネル中のユークリッド距離の部分をマハラノビス距離で置きかえたものもカーネル関数である．また，ガウスカーネルと線形カーネルの和

$$k_r(\mathbf{x}, \mathbf{x}') = \theta_0 \exp\left\{-\frac{\theta_1}{2}\|\mathbf{x} - \mathbf{x}'\|^2\right\} + \theta_2 + \theta_3 \mathbf{x}^{\mathrm{T}}\mathbf{x}' \tag{7.2.1}$$

は，ガウス過程回帰においてよくもちいられるカーネル関数である．ただし，$\theta_0, \theta_1, \theta_2, \theta_3$ はパラメータである．

また，地球物理でクリギングとよばれるガウス過程回帰では，マターンカーネル (Matern kernel) もよくもちいられる．**マターンカーネル**は，以下で定義される．

$$k_m(\mathbf{x}, \mathbf{x}') = \frac{2^{1-\nu}}{\Gamma(\nu)}\left(\frac{\sqrt{2\nu}\|\mathbf{x} - \mathbf{x}'\|}{l}\right)^{\nu} K_\nu\left(\frac{\sqrt{2\nu}\|\mathbf{x} - \mathbf{x}'\|}{l}\right).$$

ここで，K_ν は第2種変形ベッセル関数とよばれる特殊関数で，l はスケールパラメータである．また，ν は関数のなめらかさを調整するパラメータであり，k を $\nu > k$ なる正の整数とすれば，$r = \|\mathbf{x} - \mathbf{x}'\|$ の関数として k 階微分可能である．また，$\nu \to \infty$ のとき，マターンカーネルはガウスカーネルに近づく．ガウスカーネルは，無限階連続微分可能な関数であり，きわめてなめらかである．そのため，局所性を強調しようとすると，スケールパラメータ s をかなり小さな値に設定する必要がある．しかし，小さい s の影響は，領域全体に及んでしまう．それに対し，全体のスケールを小さくすることなく，局所性を担保するカーネルがマターンカーネルである．とくに，$\nu = 1/2$ のマターン

カーネルは

$$k_o(\mathbf{x}, \mathbf{x}') = \exp\left(-\frac{\|\mathbf{x} - \mathbf{x}'\|}{l}\right)$$

となり，これはオルンシュタイン-ウーレンベックカーネルとよばれる．このカーネルは，$r = \|\mathbf{x} - \mathbf{x}'\|$ の関数として連続ではあるが微分不可能なので，「ギザギザ」している．

最後に，周期的なカーネルをあげておこう．その代表例としては

$$k_p(\mathbf{x}, \mathbf{x}') = \exp\left(-\frac{2}{l^2}\sin^2\left(\frac{\pi}{p}\|\mathbf{x} - \mathbf{x}'\|\right)\right)$$

がある．ここで p は周期である．とりわけ，$l \to \infty$ の極限をとった

$$k_c(\mathbf{x}, \mathbf{x}') = \cos\left(\frac{2\pi}{p}\|\mathbf{x} - \mathbf{x}'\|\right)$$

は，コサインカーネルとよばれる．

応用においては，たとえば $k_r(\mathbf{x}, \mathbf{x}')$ であればパラメータ $\theta_0, \theta_1, \theta_2, \theta_3$ を，多項式カーネルであればパラメータ d と c を，ガウスカーネルならパラメータ s の値を決める必要がある．あつかう問題に対し，これらのパラメータに関する知見があれば，その知見にもとづいてパラメータ値を決めればよい．しかし，多くの場合には，データから交差検証や最尤推定などで値を決めなければならない．

7.2.3　新たなカーネルの構築

すでに有効であることがわかっているカーネル関数から，新たにカーネル関数をつくるための有用な性質を証明なしにあげておこう（(1)，(2)，(4)，(6) の証明は演習 7.4）．いま，$k_1(\mathbf{x}, \mathbf{x}')$ と $k_2(\mathbf{x}, \mathbf{x}')$ をカーネル関数とすると，以下のいずれもカーネル関数となる．

(1)　$k(\mathbf{x}, \mathbf{x}') = c \cdot k_1(\mathbf{x}, \mathbf{x}'),\quad c > 0$ は任意の定数，

(2)　$k(\mathbf{x}, \mathbf{x}') = k_1(\mathbf{x}, \mathbf{x}') + k_2(\mathbf{x}, \mathbf{x}'),$

(3)　$k(\mathbf{x}, \mathbf{x}') = k_1(\mathbf{x}, \mathbf{x}') \times k_2(\mathbf{x}, \mathbf{x}'),$

(4)　$k(\mathbf{x}, \mathbf{x}') = f(\mathbf{x})\, k_1(\mathbf{x}, \mathbf{x}') f(\mathbf{x}'),\quad f$ は任意の関数，

(5)　$k(\mathbf{x}, \mathbf{x}') = q(k_1(\mathbf{x}, \mathbf{x}'))$,　q は，非負の係数をもつ任意の多項式関数，
(6)　$k(\mathbf{x}, \mathbf{x}') = \exp(k_1(\mathbf{x}, \mathbf{x}'))$,
(7)　$k(\mathbf{x}, \mathbf{x}') = \mathbf{x}^{\mathrm{T}}\mathbf{A}\mathbf{x}'$,　$\mathbf{A}$ は任意の正定値行列.

たとえば，線形カーネル $k(\mathbf{x}, \mathbf{x}') = \mathbf{x}^{\mathrm{T}}\mathbf{x}'$ を (5) における $k_1(\mathbf{x}, \mathbf{x}')$ とすれば，多項式カーネル $k_{poly}(\mathbf{x}, \mathbf{x}') = (\mathbf{x}^{\mathrm{T}}\mathbf{x}' + c)^d$ が有効なカーネルであることがわかる．また，ガウスカーネルが有効なカーネルであることを以下のように示すことができる．すなわち，まず

$$\|\mathbf{x} - \mathbf{x}'\|^2 = \mathbf{x}^{\mathrm{T}}\mathbf{x} + (\mathbf{x}')^{\mathrm{T}}\mathbf{x}' - 2\mathbf{x}^{\mathrm{T}}\mathbf{x}'$$

に注意する．すると

$$\begin{aligned} k_g(\mathbf{x}, \mathbf{x}') &= \exp(-\|\mathbf{x} - \mathbf{x}'\|^2/2s^2) \\ &= \exp(-\mathbf{x}^{\mathrm{T}}\mathbf{x}/2s^2)\exp(\mathbf{x}^{\mathrm{T}}\mathbf{x}'/s^2)\exp(-(\mathbf{x}')^{\mathrm{T}}\mathbf{x}'/2s^2) \end{aligned}$$

となる．よって，(1)，(4)，(6) によりガウスカーネルが有効であることがわかる．

7.3　ガウス過程

本節では，$\mathbf{x}$ の空間として $\boldsymbol{R}^D$ をとり固定する．

7.3.1　集合上の確率分布

一般に，「集合 S 上の確率分布」といったとき，S が離散量の集合であれば，S に値をとる確率変数の確率分布をさす．S が連続量の集合でも，S に値をとる確率変数の分布関数（あるいは確率密度関数）をさす．たとえば，任意の実数 x, $-\infty < x < \infty$, に対して，確率密度関数 $p(x)$ が定義されていれば「$p(x)$ は $\boldsymbol{R}$ 上の分布」と表現される．

■ 関数集合上の確率分布の定義

線形関数の集合や 2 次関数の集合といった関数の集合を考え，その関数の集合の中から，確率的に関数を選ぶという状況を想定しよう．議論を正確にす

るため，関数の集合上に確率分布を導入することを試みる．集合が有限あるいは可算無限の場合は，最も単純には，集合の要素である関数の確率を陽に指定して確率分布を定義することが考えられよう．たとえば，

$$p(f) = P(X = f) = 1/6, \quad f \in \{x^2, 1/x, \sin x, \cos x, \exp x, \log x\}$$

といった分布が考えられる．また，多項式関数全体といった非可算濃度の関数集合 L に対しては，確率密度関数

$$p(f) = P(X = f), \quad f \in L,$$

を直接あたえて，関数集合上の分布を定義することが考えられる．そのためには，確率密度関数 $p(f)$ を明示的に定義し，また，$p(f)\Delta f$ に確率としての意味をもたせるために，関数集合上での増分 Δf を定義しなければならない．すぐあとで説明するように，パラメトリックに関数の集合が定義されていれば，このようなアプローチを比較的簡単に取りうる．

■ 線形関数集合上の確率分布

ここでは，パラメトリックに関数の集合が定義される場合に，非可算濃度の関数集合上の確率分布を定義する方法をあたえよう．とくに，線形関数の集合 $L = \{\mathbf{w}^{\mathrm{T}}\mathbf{x} \,|\, \mathbf{w} \in \boldsymbol{R}^D\}$ 上の確率分布を考える[2)]．線形関数 $\mathbf{w}^{\mathrm{T}}\mathbf{x}$ は，ベクトル $\mathbf{w}$ と1対1対応することから，$\mathbf{w}$ の分布 $p(\mathbf{w})$ が決まれば線形関数の集合 L 上の分布 $p(\mathbf{w}^{\mathrm{T}}\mathbf{x})$ が決まる．すなわち，パラメータの分布を関数集合の分布とみなすのである．

単純な例として，$\mathbf{x} = (1 \;\; x)^{\mathrm{T}}$ を基底関数（ベクトル）とする1次元線形関数の集合

$$L_{(2)} = \{y(\mathbf{x}) \mid y(\mathbf{x}) = w_0 + w_1 x, \; (w_0 \;\; w_1)^{\mathrm{T}} \in \boldsymbol{R}^2\}$$

を考える．パラメータ $\mathbf{w} = (w_0 \;\; w_1)^{\mathrm{T}}$ は，平均が $\mathbf{0}$ の等方的ガウス分布にしたがうとしよう．すなわち

---

2) 数学では，関数の集合のことを関数空間とよぶ．このいいかたでは，線形関数空間上の確率分布を考えることになる．

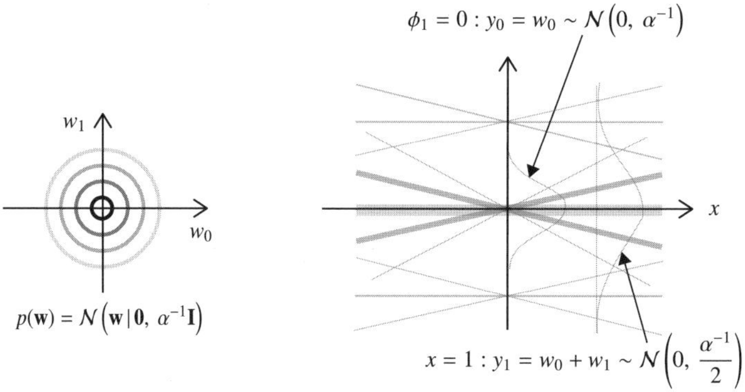

図 7.1　1 次元線形関数上の分布．右が，線の太さによる 1 次元線形関数の確率密度関数値の表現．左は，パラメータの分布での線形関数上の分布表現．平均を **0** とした 2 次元等方ガウス分布．

$$p(w_0, w_1) = \mathcal{N}((w_0 \ \ w_1)^{\mathrm{T}} \mid \mathbf{0}, \alpha^{-1}\mathbf{I}).$$

すると，この分布 $p(w_0, w_1)$ は，1 次元線形関数の集合 $L_{(2)}$ 上の確率分布とみることができる．図 7.1 では，線の太さが，線形関数の確率密度値の大きさを表わすようにこの確率分布を表現した．

7.3.2　ガウス過程への架け橋

■ 関数値の同時確率

つぎに，有限の基底関数 $\boldsymbol{\phi}(\mathbf{x}) = (\phi_0(\mathbf{x}) \cdots \phi_{M-1}(\mathbf{x}))^{\mathrm{T}}$ を導入して，対象を非線形な関数に広げよう．すなわち，パラメータ $\mathbf{w}$ が等方的ガウス分布にしたがうとき，$\mathbf{w}$ の線形関数（$\mathbf{x}$ については，一般には非線形）$y(\mathbf{x}) = \mathbf{w}^{\mathrm{T}}\boldsymbol{\phi}(\mathbf{x})$ の集合を考える．

一般に，関数 $y(\mathbf{x})$ が確率的に決まる状況において，ある関数の確率というよりも，特定の点 $\mathbf{x}_1, \mathbf{x}_2, \ldots, \mathbf{x}_N$ における関数値の平均やばらつきなどの統計的性質を知りたいことがしばしば起こる．特定の点の関数値の統計的性質は，$y(\mathbf{x}_1), \ldots, y(\mathbf{x}_N)$ の同時分布で完全に記述される．

そこで，$y(\mathbf{x}_1), \ldots, y(\mathbf{x}_N)$ の同時分布を求めよう．$\mathbf{y} = (y_1 \ \cdots \ y_N)^{\mathrm{T}}, y_n = y(\mathbf{x}_n)$ とおくと，$y(\mathbf{x}) = \mathbf{w}^{\mathrm{T}}\boldsymbol{\phi}(\mathbf{x})$ であるから $\mathbf{y} = \boldsymbol{\Phi}\mathbf{w}$ とかける．ただし，

$$\boldsymbol{\Phi} = \begin{pmatrix} \phi_0(\mathbf{x}_1) & \phi_1(\mathbf{x}_1) & \cdots & \phi_{M-1}(\mathbf{x}_1) \\ \phi_0(\mathbf{x}_2) & \phi_1(\mathbf{x}_2) & \cdots & \phi_{M-1}(\mathbf{x}_2) \\ \vdots & \vdots & \ddots & \vdots \\ \phi_0(\mathbf{x}_N) & \phi_1(\mathbf{x}_N) & \cdots & \phi_{M-1}(\mathbf{x}_N) \end{pmatrix}$$

は計画行列である．

さて，ガウス分布にしたがう確率変数の線形和はガウス分布であることが知られている（演習 13.1）．基底関数値 $\phi_0(\mathbf{x}_n), \phi_1(\mathbf{x}_n), \ldots, \phi_{M-1}(\mathbf{x}_n)$ は定数であるから，パラメータ $w_0, w_1, \ldots, w_{M-1}$ の分布がガウス分布 $\mathcal{N}(w_n \mid 0, \alpha^{-1})$ ならば，$w_0, w_1, \ldots, w_{M-1}$ の線形和

$$y_n = w_0\phi_0(\mathbf{x}_n) + w_1\phi_1(\mathbf{x}_n) + \cdots + w_{M-1}\phi_{M-1}(\mathbf{x}_n)$$

はガウス分布である．よって，関数値 $y_1 = y(\mathbf{x}_1), \ldots, y_N = y(\mathbf{x}_N)$ の同時分布 $p(\mathbf{y}) = p(y_1, \ldots, y_N)$ はガウス分布であることがわかる．その分布の期待値は

$$\mathbb{E}[\mathbf{y}] = \boldsymbol{\Phi}\mathbb{E}[\mathbf{w}] = \mathbf{0}$$

で，分散は

$$\mathrm{cov}[\mathbf{y}] = \boldsymbol{\Phi}\mathbb{E}[\mathbf{w}\mathbf{w}^{\mathrm{T}}]\boldsymbol{\Phi}^{\mathrm{T}} = \frac{1}{\alpha}\boldsymbol{\Phi}\boldsymbol{\Phi}^{\mathrm{T}} = \mathbf{K}$$

である．ただし，$\mathbf{K}$ は，(n, m) 成分が $K_{nm} = \dfrac{1}{\alpha}\boldsymbol{\phi}(\mathbf{x}_n)^{\mathrm{T}}\boldsymbol{\phi}(\mathbf{x}_m)$ の行列である．すなわち，基底関数 $\boldsymbol{\phi}(\mathbf{x}) = (\phi_0(\mathbf{x}) \cdots \phi_{M-1}(\mathbf{x}))^{\mathrm{T}}$ と α のもとで，関数の集合 $\{y(\mathbf{x}) = \mathbf{w}^{\mathrm{T}}\boldsymbol{\phi}(\mathbf{x}) \mid \mathbf{w} \in \boldsymbol{R}^M\}$ 上の分布を重みの分布 $\mathcal{N}(\mathbf{w} \mid \mathbf{0}, \alpha^{-1}\mathbf{I})$ とすれば，関数値 $y_1 = y(\mathbf{x}_1), \ldots, y_N = y(\mathbf{x}_N)$ の同時分布は，平均が $\mathbf{0}$ で，共分散行列が $\mathbf{K}$ のガウス分布となることがわかった．

一般に，基底関数を $\boldsymbol{\phi}(\mathbf{x}) = (\phi_0(\mathbf{x}) \cdots \phi_{M-1}(\mathbf{x}))^{\mathrm{T}}$ とし，重みの分布を $\mathcal{N}(\mathbf{w} \mid \boldsymbol{\mu}, \boldsymbol{\Sigma})$ としたとき，関数の集合 $\{y(\mathbf{x}) = \mathbf{w}^{\mathrm{T}}\boldsymbol{\phi}(\mathbf{x}) \mid \mathbf{w} \in \boldsymbol{R}^M\}$ 上の分布を重みの分布とすれば，$\mathbf{x}_1, \ldots, \mathbf{x}_N$ における関数値 $y_1 = y(\mathbf{x}_1), \ldots, y_N = y(\mathbf{x}_N)$ の同時分布は，平均 $\boldsymbol{\mu}$，共分散行列 $\mathbf{K}$ のガウス分布となる．ただし，$\mathbf{K}$ は，(n, m) 成分が $K_{nm} = \boldsymbol{\phi}(\mathbf{x}_n)^{\mathrm{T}}\boldsymbol{\Sigma}\,\boldsymbol{\phi}(\mathbf{x}_m)$ の行列である．

■ 各点ごとの確率変数

さらに一歩すすめて，（パラメータ $\mathbf{w}$ の線形関数とはかぎらない）より一般的な関数の集合 $\{y(\mathbf{x})\}$[3] を考え，$\{y(\mathbf{x})\}$ 上の分布が存在するとしよう．ただし，確率密度関数（や分布関数）は陽にあたえられないが，正の整数 N を任意として，N 個の任意の点 $\mathbf{x}_1, \ldots, \mathbf{x}_N$ における関数値 $y(\mathbf{x}_1), \ldots, y(\mathbf{x}_N)$ の同時分布は，平均 $\boldsymbol{\mu}$，共分散行列 $\mathbf{K}$ のガウス分布であるとする．任意の点 $\mathbf{x}_1, \ldots, \mathbf{x}_N$ における関数値 $y(\mathbf{x}_1), \ldots, y(\mathbf{x}_N)$ の同時分布が存在するということは，D 次元空間の各点 $\mathbf{x}$ ごとに，その点に関連づけられた確率変数 $Y_{\mathbf{x}}$（の集合）が存在するとみることができる（図 7.2a，b）．

また，関数値 $y(\mathbf{x}_1), \ldots, y(\mathbf{x}_N)$ の同時分布が平均 $\boldsymbol{\mu}$，共分散行列 $\mathbf{K}$ のガウス分布であるということは，集合 $\{Y_{\mathbf{x}} \mid \mathbf{x} \in \boldsymbol{R}^D\}$ のうちの任意の有限個 $Y_{\mathbf{x}}$ の同時分布が，やはり，平均 $\boldsymbol{\mu}$，共分散行列 $\mathbf{K}$ のガウス分布であることを意味する．以上の議論をもとに，ガウス過程の定義をあたえよう．

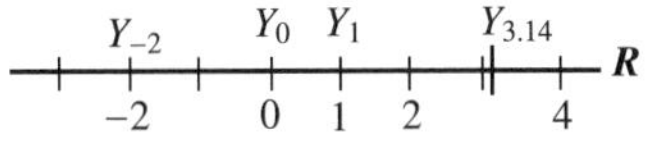

(a) 1 次元 $\boldsymbol{R}$.

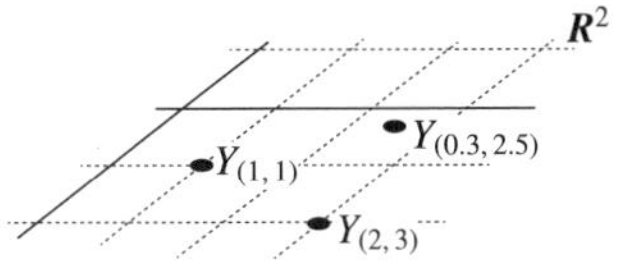

(b) 2 次元 $\boldsymbol{R}^2$.

図 7.2　空間 $\boldsymbol{R}^D$ の各点ごとに定義される確率変数のあつまり．

7.3.3 ガウス過程

■ ガウス過程の定義

空間 $\boldsymbol{R}^D$ の各点 $\mathbf{x}$ に対応して確率変数 $Y_{\mathbf{x}}$ が存在するとしよう（図 7.2a，b）．ただし，$\boldsymbol{R}^D$ の代わりにその部分集合に限定しても同様の議論が成りたつ．まず，カーネル関数 $k(\mathbf{x}, \mathbf{x}')$ を用意し，$\mathbf{K}$ を，(n, m) 成分が $K_{nm} =$

[3] ここでの表記 $\{y(\mathbf{x})\}$ は，特定の関数 $y(\mathbf{x})$ をただ 1 つの要素とする集合を表わしているのではない．厳密な表現ではなく，それは，多くの関数をふくむ集合であると考えていただければよい．

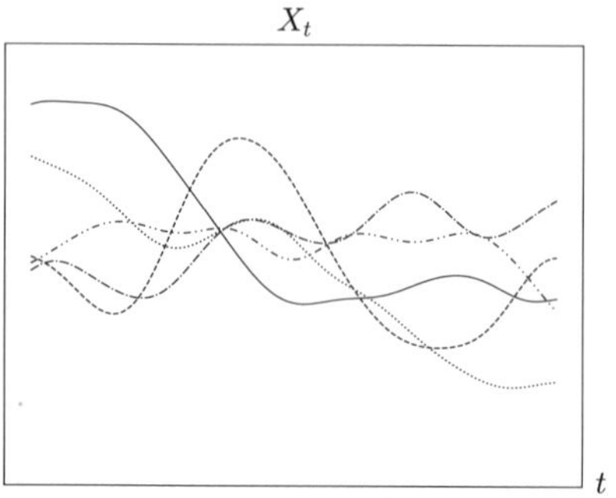

図 7.3　時間で添字づけられた確率過程 $\{X_t\}$ のサンプルパスの例．それぞれの曲線が X_t の1つのサンプルパスである．興味ある確率過程では，t と t' の距離が小さいほど，確率変数 X_t，$X_{t'}$ の相関は大きくなるのが普通であり，そのためサンプルパスは「連続」曲線となる．このようなサンプルパスを，t の関数のグラフとみることは納得しやすい．

$k(\mathbf{x}_n, \mathbf{x}_m)$ のグラム行列とする．このとき，任意の自然数 N と，任意の $\mathbf{x}_1, \ldots, \mathbf{x}_N \in \boldsymbol{R}^D$ に対し，確率変数 $Y_{\mathbf{x}_1}, \ldots, Y_{\mathbf{x}_N}$ の同時分布が，平均 $\boldsymbol{\mu}$，共分散行列 $\mathbf{K}$ のガウス分布であたえられる確率変数の集合 $\{Y_\mathbf{x} \,|\, \mathbf{x} \in \boldsymbol{R}^D\}$ をガウス過程という．

一般的に，確率過程とは，確率変数の集合として定義される．とりわけ，経済データやセンサデータなどをあつかうときには，時間を意識した t で添字づけられる確率変数 X_t からなる確率過程 $\{X_t \,|\, t \in T\}$ を対象とすることが多い．ここで，T は実数の集合である．添字 t を動かしたときの X_t の実現値 x_t の集合はサンプルパス[4)]とよばれ，この場合，直感的には，1次元の時間軸を横軸として縦軸方向に X_t の実現値をプロットした曲線が1つのサンプルパスである（図7.3）．確率過程 $\{X_t\}$ の1つのサンプルパスは，t に，X_t の実現値 x_t を対応させる1つの関数を定めることを注意しておく．ガウス過程は，確率過程の一種であり，本書であつかうガウス過程は，1次元にかぎらず，D

[4)] サンプルパスを正確に表現するためには，確率変数が，標本空間 Ω から実数への写像であることを明示しなければならない．すなわち，確率的に定まる $\omega \in \Omega$ に対し，

$$S_\omega = \{(t, X_t(\omega)|t \in T)\}$$

が1つのサンプルパスである．

次元空間の各点で添字づけられた確率変数の集合である．点 $\mathbf{x}$ を動かしたときのガウス過程の実現値の集合も本書ではサンプルパスとよぶ．

さて，パラメータ $\mathbf{w}$ の線形関数の集合 $\{y(\mathbf{x}) = \mathbf{w}^{\mathrm{T}}\boldsymbol{\phi}(\mathbf{x}) \mid \mathbf{w} \in \boldsymbol{R}^M\}$ にもどり，その上の分布を重みの分布 $\mathcal{N}(\mathbf{w} \mid \boldsymbol{\mu}, \boldsymbol{\Sigma})$ としよう．さきにのべたように，任意の $\mathbf{x}_1, \ldots, \mathbf{x}_N$ における関数値 $y_1 = y(\mathbf{x}_1), \ldots, y_N = y(\mathbf{x}_N)$ の同時分布は，平均 $\boldsymbol{\mu}$，共分散行列 $\mathbf{K}$ のガウス分布となる．それゆえ，重みの分布で決まる線形関数の集合上の分布は１つのガウス過程を定める．ここで，$\mathbf{K}$ は，(n, m) 成分が $K_{nm} = \boldsymbol{\phi}(\mathbf{x}_n)^{\mathrm{T}}\boldsymbol{\Sigma}\,\boldsymbol{\phi}(\mathbf{x}_m)$ の行列である．すなわち，それは，カーネル関数を $k(\mathbf{x}_n, \mathbf{x}_m) = \boldsymbol{\phi}(\mathbf{x}_n)^{\mathrm{T}}\boldsymbol{\Sigma}\,\boldsymbol{\phi}(\mathbf{x}_m)$ としたガウス過程である．

ガウス過程回帰などガウス過程の応用では，事前の知識がないときがほとんどで，対称性から同時分布の平均はゼロとすることが多い．ガウス分布は平均と共分散で決まるので，平均をゼロとしたときには，確率変数 $Y_{\mathbf{x}_m}$ と $Y_{\mathbf{x}_n}$ の共分散は $\mathbb{E}[Y_{\mathbf{x}_m}Y_{\mathbf{x}_n}]$ となり，これが共分散行列の (m, n) 成分であるから $k(\mathbf{x}_m, \mathbf{x}_n) = \mathbb{E}[Y_{\mathbf{x}_m}Y_{\mathbf{x}_n}]$ である．すなわち，カーネル関数でガウス過程は完全に記述される．以下，本節では，同時分布の平均がゼロのガウス過程をあつかう．

■ ガウス過程が定める関数空間上の分布

１つのガウス過程 $\{Y_{\mathbf{x}} \mid \mathbf{x} \in \boldsymbol{R}^D\}$ をとり固定しよう．以下では，これを $\{Y_{\mathbf{x}}\}$ と略記する．また，確率変数 $Y_{\mathbf{x}}$ の実現値を $y_{\mathbf{x}}$ とかく．以下では，$\{Y_{\mathbf{x}}\}$ から，$\boldsymbol{R}^D$ 上の関数の集合と，その上の分布を構成する．ただし，これまでは，連続確率変数の場合，「分布」は確率密度関数としてきたが，ここでは「分布」にもう少し広い意味をもたせる．

まず，ガウス過程 $\{Y_{\mathbf{x}}\}$ の１つのサンプルパス S を考えると，それは，点 $\mathbf{x}$ に対し実数値 $y_{\mathbf{x}}$ を対応させる $\boldsymbol{R}^D$ 上の関数 $y_S(\mathbf{x})$ を定める（図 7.3 のそれぞれの曲線は，$\mathbf{x}$ が１次元 t のときの関数 $y_S(t)$ のグラフである）．すると，ガウス過程 $\{Y_{\mathbf{x}}\}$ のすべてのサンプルパスに対し，それぞれのサンプルパスが定める関数をあつめた集合を考えることができる．より正確には，ガウス過程 $\{Y_{\mathbf{x}}\}$ のすべてのサンプルパスの集合を $\mathcal{S}_{Y_{\mathbf{x}}}$ とすると，$\mathcal{S}_{Y_{\mathbf{x}}}$ は $\boldsymbol{R}^D$ 上の関数の集合

$$\{y_S(\mathbf{x}) \,|\, S \in \mathcal{S}_{Y_\mathbf{x}}\}$$

を定義する．図 7.3 を例にとり，誤解をおそれずにいえば，これは，図に描かれたような曲線すべてに対し，それぞれの曲線を t の関数とみなし，みなした関数をすべてあつめた集合である．

つぎに，点 $\mathbf{x}_n$ で，それぞれの関数 $y_S(\mathbf{x})$ がとる値の集合

$$\{y_{\mathbf{x}_n} \in \boldsymbol{R} \,|\, y_{\mathbf{x}_n} = y_S(\mathbf{x}_n),\quad S \in \mathcal{S}_{Y_\mathbf{x}}\}$$

を考え，その集合の各要素は確率変数 $Y_{\mathbf{x}_n}$ の実現値とする．すると，任意の点 $\mathbf{x}_1,\ \ldots,\ \mathbf{x}_N \in \boldsymbol{R}^D$ の関数値 $y_{\mathbf{x}_1},\ \ldots,\ y_{\mathbf{x}_N}$ の同時分布は，ガウス過程 $\{Y_\mathbf{x}\}$ の $Y_{\mathbf{x}_1},\ \ldots,\ Y_{\mathbf{x}_N}$ の同時分布と同じガウス分布になる．

このように，ガウス過程から，$\boldsymbol{R}^D$ を定義域とする関数の集合 $\{y_S(\mathbf{x}) \,|\, S \in \mathcal{S}_{Y_\mathbf{x}}\}$ と，その上の分布を定めることができる．ただし，ここでの分布は，確率密度関数ではなく，任意の有限個の点 $\mathbf{x}_1, \ldots, \mathbf{x}_N \in \boldsymbol{R}^D$ に対して，関数値 $y_{\mathbf{x}_1},\ \ldots,\ y_{\mathbf{x}_N}$ の同時分布が，ガウス分布であたえられることを意味する．

以上からわかるとおり，ガウス過程 $\{Y_\mathbf{x}\}$ と，それからつくった関数集合 $\{y_S(\mathbf{x}) \,|\, S \in \mathcal{S}_{Y_\mathbf{x}}\}$ は，本質的に同じものである．そこで，以下では，ガウス過程を，関数の集合として簡略的に $\{y(\mathbf{x})\}$ ともかき，さらに，混同のおそれがないときには，$y(\mathbf{x})$ ともかいて，ガウス過程 $y(\mathbf{x})$ という．また，平均がゼロのすべてのガウス過程の族（あつまり）を $\mathcal{G}_\mathcal{P}$ と表記する．

注意

(1) ガウス過程 $\{Y_\mathbf{x}\}$ に対しては，その陽な確率密度関数表現は一般的にはあたえられない．しかし，通常のガウス過程の利用においては，有限個の点における関数値の同時分布があれば十分である．

(2) 有限次元の重み $\mathbf{w}$ の線形関数の集合上の分布が定めるガウス過程では，まず有限個の基底関数 $\boldsymbol{\phi}(\mathbf{x})$ があり，カーネル関数は基底関数の内積として定義される．それに対し，一般的なガウス過程 $\{Y_\mathbf{x}\}$ では，有限個の基底関数 $\boldsymbol{\phi}(\mathbf{x}) = (\phi_0(\mathbf{x}) \cdots \phi_{M-1}(\mathbf{x}))^\mathrm{T}$ が陽にあたえられるとはかぎらず，カーネル関数 $k(\cdot,\cdot)$ がありきである．

上記の注意 (2) に関係して，ガウス過程を別の側面から特徴づけよう．有限次元の重み $\mathbf{w} = (w_0 \ \cdots \ w_{M-1})^\mathrm{T}$ の分布が等方ガウス分布 $\mathcal{N}(\mathbf{w} \,|\, \mathbf{0}, \mathbf{I})$ のとき，$\mathbf{w}$ の線形関数 $\mathbf{w}^\mathrm{T}\boldsymbol{\phi}(\mathbf{x})$ の集合上の分布が定めるガウス過程では，共分散行列の $(n,\ m)$ 成分

は，$K_{nm} = \boldsymbol{\phi}(\mathbf{x}_n)^{\mathrm{T}}\boldsymbol{\phi}(\mathbf{x}_m)$ である．それに対し，一般的なガウス過程では，共分散行列の (n, m) 成分は $k(\mathbf{x}_n, \mathbf{x}_m)$ である．7.2 節で少し紹介したように，カーネル関数 $k(\mathbf{x}_n, \mathbf{x}_m)$ は，ある特徴空間（一般には無限次元）での内積 $\boldsymbol{\phi}(\mathbf{x}_n)^{\mathrm{T}}\boldsymbol{\phi}(\mathbf{x}_m)$ で表現される．それゆえ，ガウス過程は，一般には無限次元空間における重みベクトルの線形関数の集合上の分布とみることができる．

■ ガウス過程からのサンプリング

線形関数のサンプリングが，重みの分布からのサンプリングとなったのとは異なり，ガウス過程からの厳密なサンプリングはできない．そこで，変数を離散化して，以下のように関数の近似的なサンプリングをおこなう．すなわち，カーネル関数を $k(\cdot, \cdot)$ として，

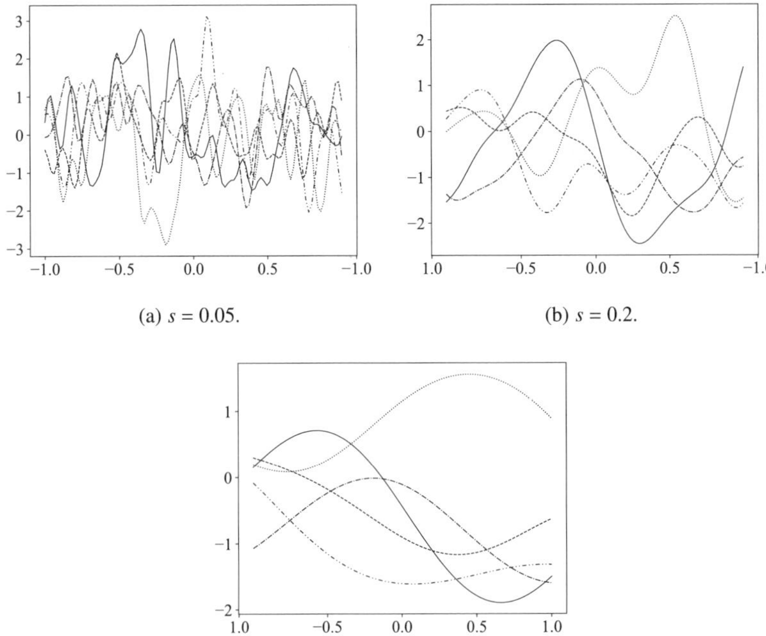

(a) $s = 0.05$.

(b) $s = 0.2$.

(c) $s = 0.8$.

図 7.4 ガウス過程からのサンプル．もちいたカーネル関数はガウスカーネル $\exp\left\{\frac{-(x-x')^2}{2s^2}\right\}$ で，スケールパラメータ s の値が異なる 3 つの場合それぞれにつき，5 つの実現値を表示した．

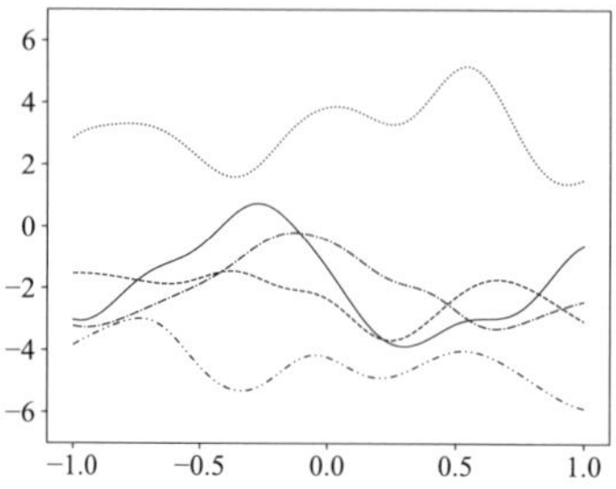

(a) $\theta_0 = 1, \theta_1 = 25, \theta_2 = 8, \theta_3 = 0.$

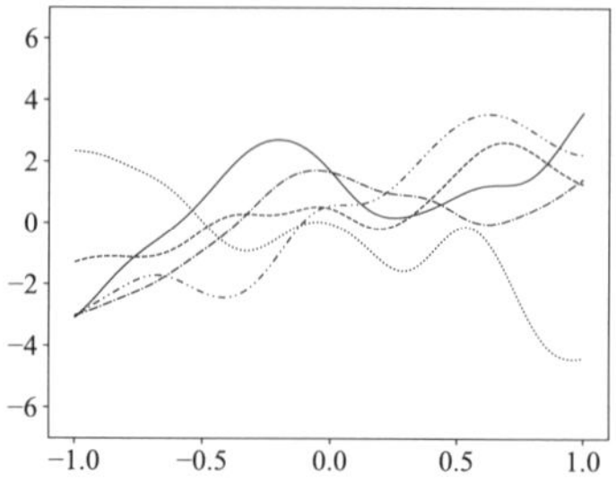

(b) $\theta_0 = 1, \theta_1 = 25, \theta_2 = 0, \theta_3 = 5.$

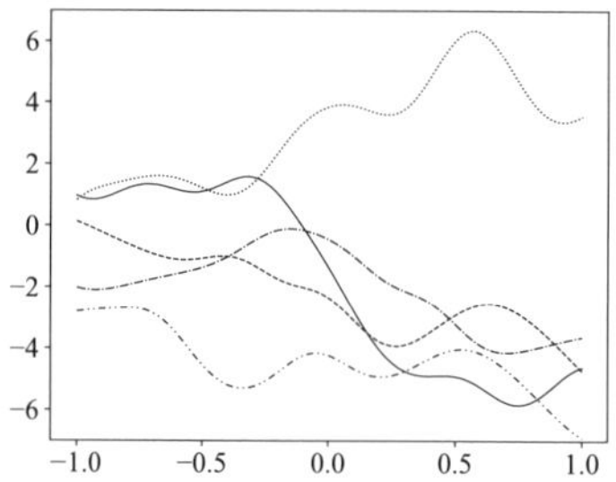

(c) $\theta_0 = 1, \theta_1 = 25, \theta_2 = 8, \theta_3 = 5.$

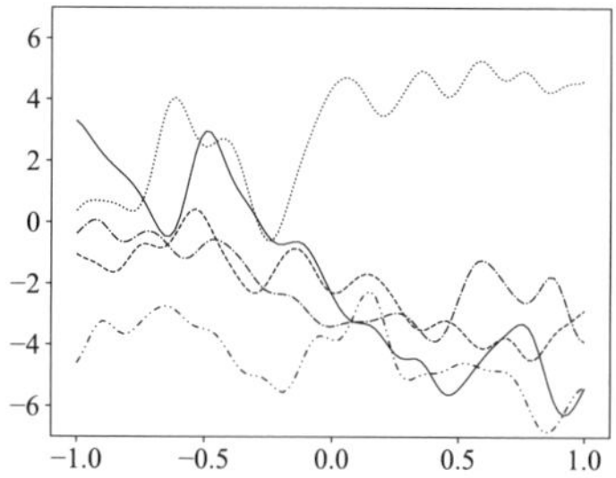

(d) $\theta_0 = 1, \theta_1 = 128, \theta_2 = 8, \theta_3 = 5.$

図 7.5　カーネル関数 $k_r(x, x') = \theta_0 \exp\left\{-\frac{\theta_1}{2}\|x - x'\|^2\right\} + \theta_2 + \theta_3 x \cdot x'$ をもちいたガウス過程において，異なる超パラメータの値によるサンプルのちがい．パラメータ値 $\theta_0 = 1, \theta_1 = 25, \theta_2 = 0, \theta_3 = 0$ のとき，カーネル関数 $k_r(x, x')$ は，図 7.4b にサンプルが示されているガウスカーネルに等しい．

(1) x の「区間」を，たとえば，$x_0, x_1, \ldots, x_{99}$ と 100 等分し，すべての組 $(x_i, x_j), i, j = 0, \ldots, 99$, につき，$k(x_i, x_j)$ を求める．

(2) 平均が $\mathbf{0}$ で，(i, j) 成分が $k(x_i, x_j)$ の共分散行列をもつ 100 次元ガウス分布からサンプリングする．

(3) 100 次元サンプルベクトル $(y_0 \ \ldots \ y_{99})^{\mathrm{T}}$ の各成分 y_i を，関数 $y(x)$ の x_i における関数値 $y(x_i)$ とする．

(4) 必要なサンプル数がそろうまで，(2) と (3) を繰りかえす．

図 7.4 は，カーネル関数としてガウスカーネルをもちいたときのガウス過程か

らのサンプルである．スケールパラメータ s が小さくなるにつれて変動がはげしくなる様子が見てとれる．また，図 7.5 は，カーネル関数 (7.2.1) をもちいたときに，異なるパラメータ値に対し，ガウス過程からサンプルされる関数を示す．

注意

図 7.4 と図 7.5 のそれぞれの図では，x 軸をこまかい区間に分割したので線がつながってみえ，一つひとつのサンプルはあたかも連続関数のようにみえる．一般に，カーネル関数は，近い 2 点ほど大きな値をとるので，ガウス過程における共分散行列の対角要素に近い成分も大きい値をとり，それら 2 点の関数値も大きい相関をもつ．そのため，サンプルによって得られた関数値は「連続的」に変化する確率が高く，x 軸をこまかく分割したときには線がつながってみえる．

7.3.4 ガウス過程による回帰

■ ベイズ線形回帰の拡張

重み $\mathbf{w}$ に分布を仮定した線形回帰モデル

$$t = y(\mathbf{x}, \mathbf{w}) + \varepsilon, \quad y(\mathbf{x}, \mathbf{w}) = \mathbf{w}^{\mathrm{T}} \boldsymbol{\phi}(\mathbf{x}), \quad \varepsilon \sim \mathcal{N}(0, \beta^{-1})$$

を拡張しよう．単純な拡張として，$y(\mathbf{x}, \mathbf{w})$ を $\mathbf{w}$ についての 2 次式にするなど，$\mathbf{w}$ について非線形化することが考えられる．このように拡張したモデルにおいても，重み $\mathbf{w}$ に対して事前分布，たとえば $\mathbf{w} \sim \mathcal{N}(\mathbf{0}, \alpha^{-1}\mathbf{I})$ を導入すれば，それは，このモデルにおける関数の集合上の事前分布をあたえることになる．さらに，重みの事後確率や，新たな入力に対する予測分布を考えることができる．しかし，$\mathbf{w}$ に関して非線形であるため，$\mathbf{w}$ の事後確率は一般に複雑な分布になる．それゆえ，$\mathbf{w}$ の事後分布をつかった予測も複雑な計算を必要とする．また，線形回帰モデルよりは表現力は高いが，それでも表現できる範囲は限定的である．

そこで，$\mathbf{w}$ に関する非線形化ではなく，カーネル関数を導入して，それが定めるガウス過程をもちいた回帰モデルを考えよう．これは，（一般には無限次元の）特徴空間でのベイズ線形回帰モデルをあつかうことに相当する．

■ 回帰モデル

カーネル関数 $k(\cdot, \cdot)$ が定めるガウス過程 $y(\mathbf{x})$ をもちいた回帰モデル

$$t = y(\mathbf{x}) + \varepsilon, \quad y(\mathbf{x}) \in \mathcal{G}_{\mathcal{P}}, \quad \varepsilon \sim \mathcal{N}(0, \beta^{-1})$$

を考える．このモデルでは，関数上の分布がカーネル関数で決まるのでカーネル関数 $k(\cdot, \cdot)$ により関数の事前分布を定めたことになっている．具体的には，$\mathbf{K}$ を (n, m) 成分が $k(\mathbf{x}_n, \mathbf{x}_m)$ である行列とすると，$\mathbf{x}_n$ における関数 $y(\mathbf{x})$ の値を y_n としたとき，$\mathbf{y} = (y_1 \cdots y_N)^{\mathrm{T}}$ の同時分布が事前分布として $p(\mathbf{y}) = \mathcal{N}(\mathbf{y} \,|\, \mathbf{0}, \mathbf{K})$ であたえられる．

ガウス過程回帰における予測分布を求める方針をのべよう．データ $\mathcal{D} = \{(\mathbf{x}_1, t_1), \ldots, (\mathbf{x}_N, t_N)\}$ があたえられたもとで，新たな $\mathbf{x}_{N+1}$ に対する t_{N+1} の分布を求めたい．すなわち，目標は t_{N+1} の事後分布

$$p(t_{N+1} \,|\, t_1, \ldots, t_N)$$

を求めることである[5]．

そのために，まず，データとしてあたえられる目標変数値ベクトル $\mathbf{t}_N = (t_1 \cdots t_N)^{\mathrm{T}}$ の同時分布が，ガウス分布

$$p(\mathbf{t}_N) = \mathcal{N}(\mathbf{t}_N \,|\, \mathbf{0}, \mathbf{C}_N)$$

となることを示す．ただし，δ_{nm} をクロネッカーのデルタ[6]として，$\mathbf{C}_N$ は (n, m) 成分が $k(\mathbf{x}_n, \mathbf{x}_m) + \beta^{-1}\delta_{nm}$ の行列である．この結果から，$\mathbf{t}_{N+1} = (t_1 \cdots t_N \ t_{N+1})^{\mathrm{T}}$ の同時分布はガウス分布

$$p(\mathbf{t}_{N+1}) = \mathcal{N}(\mathbf{t}_{N+1} \,|\, \mathbf{0}, \mathbf{C}_{N+1})$$

となる．これから，（同時分布がガウス分布であれば，条件つき分布はガウス分布なので）目標変数値 t_{N+1} の事後分布

---

[5] 正確には，$p(t_{N+1} \,|\, x_1, \ldots, x_{N+1}, t_1, \ldots, t_N)$ とかくべきであるが，煩雑になるので条件部の入力は省略する．以下でも同様とする．

[6] $\delta_{nm} = \begin{cases} 1, & n = m, \\ 0, & \text{otherwise}. \end{cases}$

$$p(t_{N+1} \mid t_1, \ldots, t_N)$$

が求まる．

■ 目標変数の同時分布

上に示した方針により，目標変数値 t_{N+1} の事後分布を求めていこう．まず，目標変数の同時分布を定める．データを $\mathcal{D} = \{(\mathbf{x}_1, t_1), \ldots, (\mathbf{x}_N, t_N)\}$，$\mathbf{t} = (t_1 \cdots t_N)^{\mathrm{T}}$ とする．ガウス過程回帰モデルでは，$\mathbf{x}_n$ における観測値 t_n と $y_n = y(\mathbf{x}_n)$ の差 ε_n は，$\varepsilon_n \sim \mathcal{N}(0, \beta^{-1})$ であるから，

$$p(\varepsilon_n) = p(t_n \mid y_n) = \mathcal{N}(t_n \mid y_n, \beta^{-1}).$$

よって，各 ε_n は独立とすると，$\mathbf{y} = (y_1 \cdots y_N)^{\mathrm{T}}$ があたえられたもとでの $\mathbf{t} = (t_1 \cdots t_N)^{\mathrm{T}}$ の分布は

$$p(\mathbf{t} \mid \mathbf{y}) = \mathcal{N}(\mathbf{t} \mid \mathbf{y}, \beta^{-1}\mathbf{I}_N) \tag{7.3.1}$$

となる．ただし，$\mathbf{I}_N$ は，$N \times N$ の単位行列である．これと，$p(\mathbf{y}) = \mathcal{N}(\mathbf{y} \mid \mathbf{0}, \mathbf{K})$ から，$\mathbf{t} = (t_1 \cdots t_N)^{\mathrm{T}}$ の同時分布は

$$p(\mathbf{t}) = \int p(\mathbf{t} \mid \mathbf{y})p(\mathbf{y})\, d\mathbf{y} = \mathcal{N}(\mathbf{t} \mid \mathbf{0}, \mathbf{C}) \tag{7.3.2}$$

となる．ただし，$\mathbf{C}$ は，(n, m) 成分が $k(\mathbf{x}_n, \mathbf{x}_m) + \beta^{-1}\delta_{nm}$ の行列である（演習 7.5；節末の付記 1）．

■ 予測分布

さて，予測分布を求めよう．これは，データ $\mathcal{D} = \{(\mathbf{x}_1, t_1), \ldots, (\mathbf{x}_N, t_N)\}$，$\mathbf{t}_N = (t_1 \cdots t_N)^{\mathrm{T}}$ があたえられたもとで，新たな $\mathbf{x}_{N+1}$ における t_{N+1} の分布であたえられる．式 (7.3.2) より，目標変数値 $\mathbf{t}_{N+1} = (t_1 \cdots t_N\ t_{N+1})^{\mathrm{T}}$ の同時分布は

$$p(\mathbf{t}_{N+1}) = \mathcal{N}(\mathbf{t}_{N+1} \mid \mathbf{0}, \mathbf{C}_{N+1})$$

である．ただし，

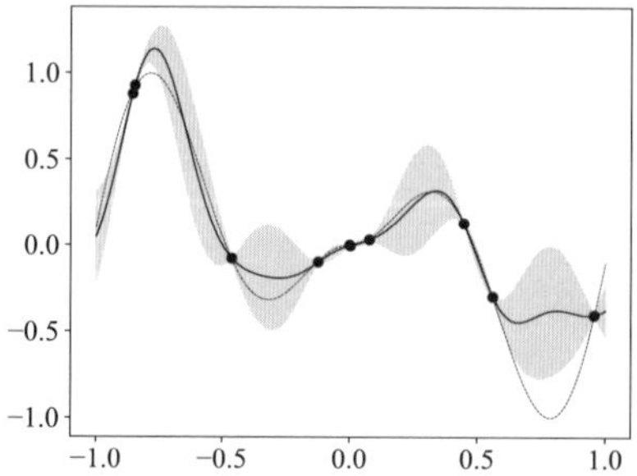

図 **7.6**　ガウス過程回帰の例．カーネル関数は，スケールパラメータが 0.1 のガウスカーネルをもちいた．黒丸があたえられたデータ．点線が真の曲線を表わし，実線がガウス過程回帰の平均を表わす．灰色の領域は標準偏差内を示している．GPy を利用して作成．

$$\mathbf{C}_{N+1} = \begin{pmatrix} c & \mathbf{k}^{\mathrm{T}} \\ & \\ \mathbf{k} & \mathbf{C}_N \end{pmatrix}, \quad \mathbf{k} = \begin{pmatrix} k(\mathbf{x}_1, \mathbf{x}_{N+1}) \\ \vdots \\ k(\mathbf{x}_N, \mathbf{x}_{N+1}) \end{pmatrix}, \quad c = k(\mathbf{x}_{N+1}, \mathbf{x}_{N+1}) + \beta^{-1}.$$

ただし，$\mathbf{C}_N$ は，(n, m) 成分が $k(\mathbf{x}_n, \mathbf{x}_m) + \beta^{-1}\delta_{nm}$ の $N \times N$ の行列である．これから，

$$p(t_{N+1} \mid t_1, \ldots, t_N) = \mathcal{N}(t_{N+1} \mid m(\mathbf{x}_{N+1}), \sigma^2(\mathbf{x}_{N+1})) \tag{7.3.3}$$

を得る（演習 7.6；節末の付記 2）．ただし，

$$m(\mathbf{x}_{N+1}) = \mathbf{k}^{\mathrm{T}}\mathbf{C}_N^{-1}\mathbf{t}, \quad \sigma^2(\mathbf{x}_{N+1}) = c - \mathbf{k}^{\mathrm{T}}\mathbf{C}_N^{-1}\mathbf{k}. \tag{7.3.4}$$

図 7.6 に，あたえられたデータに対するガウス過程回帰の例を示す．黒丸で示したデータ点がないところの分散が大きいことがわかる．

■ 超パラメータの学習

以下では，パラメータをまとめて $\boldsymbol{\theta}$ とベクトル表記する．ガウス過程は共分散関数（カーネル）で決まるので，ガウス過程の学習は，パラメトリックなカーネル関数族を考え，そのパラメータ $\boldsymbol{\theta}$ をデータから推定することである．たとえば，7.2 節で紹介したカーネル関数

$$k(\mathbf{x}_n, \mathbf{x}_m) = \theta_0 \exp\left\{-\frac{\theta_1}{2}\|\mathbf{x}_n - \mathbf{x}_m\|^2\right\} + \theta_2 + \theta_3 \mathbf{x}_n^{\mathrm{T}} \mathbf{x}_m$$

をもちいたガウス過程では，超パラメータ θ_0, θ_1, θ_2, θ_3 をデータから定めることが学習である．

超パラメータの学習としては，尤度関数 $p(\mathbf{t}\,|\,\boldsymbol{\theta})$ を最大化して $\boldsymbol{\theta}$ を求めることが考えられる．具体的には，対数尤度関数

$$\ln p(\mathbf{t}\,|\,\boldsymbol{\theta}) = -\frac{1}{2}\ln|\mathbf{C}_N| - \frac{1}{2}\ln \mathbf{t}^{\mathrm{T}}\mathbf{C}_N^{-1}\mathbf{t} - \frac{N}{2}\ln(2\pi)$$

を最大化する．行列 $\mathbf{C}_N$ は $\boldsymbol{\theta}$ の関数であることに注意してほしい．この最大化の計算は，共役勾配法などをもちいておこなわれる．

■ ガウス過程回帰の利点と欠点

ベイズ線形回帰では，あらかじめ基底関数とその個数を定める必要があるのに対して，ガウス過程回帰ではその必要がない．そのため，ガウス過程をもちいた回帰は，広くノンパラメトリックベイズとよばれる手法の 1 つである．あらかじめ個数が決まった基底関数をもちいる必要がないことはガウス過程回帰の利点である．また，ガウス過程回帰では，無限個の基底関数でしか表わせないような共分散関数（カーネル関数）をもちいることができるので表現力が高いことも利点の 1 つである．さらに，関数の事前分布として，平均が 0 のガウス過程をもちいれば，関数の事後分布の平均は，データに極端に引きずられて 0 から遠くに離れることはない．すなわち，比較的少数のデータに対しても，ガウス過程回帰は，過学習を回避できるというベイズ推論の利点そのものを持ちあわせる．

一方，欠点としては，データ数を N としたとき $O(N^3)$ の計算量が必要となることがあげられる．そのため，計算を減らす工夫が研究されている．

付記 1　目標変数の同時分布の導出

前提は，$p(\mathbf{t}\,|\,\mathbf{y}) = \mathcal{N}(\mathbf{t}\,|\,\mathbf{y}, \beta^{-1}\mathbf{I}_N)$ と，$p(\mathbf{y}) = \mathcal{N}(\mathbf{y}\,|\,\mathbf{0}, \mathbf{K})$ である．第 II 部の 2.1 節「分割多次元ガウス分布：ベイズの定理」にある以下の公式

$$p(\mathbf{x}) = \mathcal{N}(\mathbf{x} \mid \boldsymbol{\mu}, \boldsymbol{\Lambda}^{-1}),$$

$$p(\mathbf{y} \mid \mathbf{x}) = \mathcal{N}(\mathbf{y} \mid \mathbf{A}\mathbf{x} + \mathbf{b}, \mathbf{L}^{-1})$$

のとき,

$$p(\mathbf{y}) = \mathcal{N}(\mathbf{y} \mid \mathbf{A}\boldsymbol{\mu} + \mathbf{b}, \mathbf{L}^{-1} + \mathbf{A}\boldsymbol{\Lambda}^{-1}\mathbf{A}^{\mathrm{T}})$$

をつかう．この公式の $\mathbf{y}$ に $\mathbf{t}$ を対応させ，$\mathbf{x}$ に $\mathbf{y}$ を対応させることにより，同時分布 $p(\mathbf{t})$ が

$$p(\mathbf{t}) = \int p(\mathbf{t} \mid \mathbf{y}) p(\mathbf{y})\, d\mathbf{y} = \mathcal{N}(\mathbf{t} \mid \mathbf{0}, \mathbf{C})$$

と求まる．ただし，$\mathbf{C}(\mathbf{x}_n, \mathbf{x}_m) = k(\mathbf{x}_n, \mathbf{x}_m) + \beta^{-1}\delta_{nm}$ である．

付記 2　目標変数の予測分布の導出

同時分布を $p(\mathbf{t}_{N+1}) = \mathcal{N}(\mathbf{t}_{N+1} \mid \mathbf{0}, \mathbf{C}_{N+1})$ とする．第 II 部の 2.1 節「分割多次元ガウス分布：条件つき分布」にあるように，同時分布 $\mathcal{N}(\mathbf{x} \mid \boldsymbol{\mu}, \boldsymbol{\Sigma})$ において，

$$\mathbf{x} = \begin{pmatrix} \mathbf{x}_a \\ \mathbf{x}_b \end{pmatrix},\quad \boldsymbol{\mu} = \begin{pmatrix} \boldsymbol{\mu}_a \\ \boldsymbol{\mu}_b \end{pmatrix},\quad \boldsymbol{\Sigma} = \begin{pmatrix} \boldsymbol{\Sigma}_{aa} & \boldsymbol{\Sigma}_{ab} \\ \boldsymbol{\Sigma}_{ba} & \boldsymbol{\Sigma}_{bb} \end{pmatrix}$$

とすれば，条件つき分布は

$$p(\mathbf{x}_a \mid \mathbf{x}_b) = \mathcal{N}(\mathbf{x}_a \mid \boldsymbol{\mu}_{a|b}, \boldsymbol{\Sigma}_{a|b}),$$

ただし，

$$\boldsymbol{\mu}_{a|b} = \boldsymbol{\mu}_a - \boldsymbol{\Sigma}_{ab}\boldsymbol{\Sigma}_{bb}^{-1}(\mathbf{x}_b - \boldsymbol{\mu}_b),$$

$$\boldsymbol{\Sigma}_{a|b} = \boldsymbol{\Sigma}_{aa} - \boldsymbol{\Sigma}_{ab}\boldsymbol{\Sigma}_{bb}^{-1}\boldsymbol{\Sigma}_{ba}.$$

これをつかうと，対応づけ

$$\begin{pmatrix} \mathbf{x}_a \\ \mathbf{x}_b \end{pmatrix} \to \begin{pmatrix} t_{N+1} \\ \mathbf{t} \end{pmatrix},\quad \begin{pmatrix} \boldsymbol{\mu}_a \\ \boldsymbol{\mu}_b \end{pmatrix} \to \begin{pmatrix} 0 \\ \mathbf{0} \end{pmatrix},\quad \begin{pmatrix} \boldsymbol{\Sigma}_{aa} & \boldsymbol{\Sigma}_{ab} \\ \boldsymbol{\Sigma}_{ba} & \boldsymbol{\Sigma}_{bb} \end{pmatrix} \to \begin{pmatrix} c & \mathbf{k}^{\mathrm{T}} \\ \mathbf{k} & \mathbf{C}_N \end{pmatrix}$$

により，条件つき分布 $p(t_{N+1} \mid \mathbf{t}_N)$ は以下のガウス分布になることがわかる．

$$\mathcal{N}(t_{N+1} \mid m(\mathbf{x}_{N+1}), \sigma^2(\mathbf{x}_{N+1})).$$

なお，上記対応づけのうち，最後は，対応づけ $\boldsymbol{\Sigma}_{aa} \to c$, $\boldsymbol{\Sigma}_{ab} \to \mathbf{k}^{\mathrm{T}}$, $\boldsymbol{\Sigma}_{ba} \to \mathbf{k}$, $\boldsymbol{\Sigma}_{bb} \to \mathbf{C}_N$ を意味している．

7.4 サポートベクトルマシン

カーネル法の回帰の例として，6.3 節で Nadaraya-Watson モデルを，また，本章の 7.3 節ではガウス過程回帰を紹介した．それらの回帰モデルの欠点は，カーネル関数 $k(\mathbf{x}_n, \mathbf{x}_m)$ をすべての訓練データ対 $\mathbf{x}_n$, $\mathbf{x}_m$ について計算しなければならないため，学習と予測に非常に計算時間がかかる可能性があることである．本節では，学習データの一部だけに対してカーネル関数を計算することで，新しい入力の予測ができる手法の代表例であるサポートベクトルマシン (**SVM**) を解説する．データ数に対して重みやカーネル関数（基底関数）の数が少ないモデルを疎なモデルとよび，学習の結果として定まる重みやカーネル関数を疎な解という．なお，本書では，おもに分類をあつかい，回帰については最後に少しだけコメントする．

SVM は，モデルパラメータが凸最適化問題の解として求まるため，局所解があればそれが大域解にもなる．SVM についての議論では，ラグランジュ未定乗数法と双対表現についての知識が必要となるので，まずは，その簡単な紹介からはじめよう．

◆ ラグランジュ未定乗数法

2 次元平面を考えたとき，関数 $-(x^2 + y^2)$ は原点 (0, 0) で最大値 0 をとる．しかし，直線 $y = x + 1$ 上の点にかぎれば，原点 (0, 0) は，その直線上にないので，関数 $-(x^2 + y^2)$ が最大値をとる点ではありえない．本節では，変数 $x_1, \ldots, x_D$ の間に，1 つ以上の制約条件があり，変数がとる値の領域が限定されているときに，関数が最大値（あるいは最小値）をとる点を求めるラグランジュ未定乗数法（あるいはラグランジュ乗数法）を紹介する．

● 等式制約

まず，変数 $\mathbf{x} = (x_1 \cdots x_D)^{\mathrm{T}}$ 間に等式で表現される制約がある場合をあつかおう．簡単のため，1 つだけ等式制約 $g(\mathbf{x}) = 0$ があるときを考える．たとえば，2 次元平面上の放物線 $y = x^2$ や円 $x^2 + y^2 = 1$ は，$y - x^2 = 0$, $x^2 + y^2 - 1 = 0$ と書きかえることができる．また，3 次元空間の球面 $x^2 + y^2 + z^2 = 1$ は，$x^2 + y^2 + z^2 - 1 =$

0と書きかえることができる．一般に，D 次元空間の $(D-1)$ 次元曲面は，関数 $g(\mathbf{x})$, $\mathbf{x}=(x_1\ \cdots\ x_D)^{\mathrm{T}}$, をもちいて $g(\mathbf{x})=0$ と表現される．逆に，D 個の変数 $x_1, \ldots, x_D$ に対する制約式 $g(\mathbf{x})=0$ は，D 次元空間の $(D-1)$ 次元曲面を表わす．等式制約が表現する曲面を制約面とよぶ．

ここで，制約面の勾配ベクトルと，関数の勾配ベクトルについて，以下で必要となる性質をのべる．まず，$f(\mathbf{x})$ と $g(\mathbf{x})$ を D 次元ベクトル $\mathbf{x}=(x_1 \cdots x_D)^{\mathrm{T}}$ の関数とすると，勾配ベクトル $\nabla f(\mathbf{x}) \equiv (\frac{\partial f}{\partial x_1}\ \cdots\ \frac{\partial f}{\partial x_D})^{\mathrm{T}}$ と $\nabla g(\mathbf{x}) \equiv (\frac{\partial g}{\partial x_1}\ \cdots\ \frac{\partial g}{\partial x_D})^{\mathrm{T}}$ は，ともに D 次元ベクトルであることを注意しておく．

(1) 制約面の勾配ベクトルの性質

制約面 $g(\mathbf{x})=0$ に対し，勾配（ベクトル）$\nabla g(\mathbf{x})$ は，制約面に対してつねに垂直である．これは，以下のように示すことができる．まず，$g(\mathbf{x})=0$ 上の任意の点 $\mathbf{x}$ と，やはり制約面上の近くの点 $\mathbf{x}+\Delta\mathbf{x}$ を考える．すると，$\Delta\mathbf{x}$ の大きさは微小であるから，$\mathbf{x}$ のまわりで $g(\mathbf{x})$ をテイラー展開し，$\Delta\mathbf{x}$ の2次以降の項を無視すると

$$g(\mathbf{x}+\Delta\mathbf{x}) \approx g(\mathbf{x}) + (\nabla g(\mathbf{x}))^{\mathrm{T}}\Delta\mathbf{x}.$$

2点 $\mathbf{x}$ と $\mathbf{x}+\Delta\mathbf{x}$ とは，$g(\mathbf{x})=0$ 上にあるから $g(\mathbf{x}+\Delta\mathbf{x})=g(\mathbf{x})$ である．したがって $(\nabla g(\mathbf{x}))^{\mathrm{T}}\Delta\mathbf{x} \approx 0$ となる．極限 $\|\Delta\mathbf{x}\| \to 0$ を考えると，$(\nabla g(\mathbf{x}))^{\mathrm{T}}\Delta\mathbf{x}=0$ となり，また，$\Delta\mathbf{x}$ は制約面の接線方向のベクトルになるから，勾配 $\nabla g(\mathbf{x})$ は制約面 $g(\mathbf{x})=0$ に垂直であることがわかる．

(2) 関数の勾配ベクトルの性質

関数 $f(\mathbf{x})$ の勾配 $\nabla f(\mathbf{x})$ は，関数値が最も急激に増大する方向をむく．これも，以下のように示すことができる．すなわち，まず，D 次元空間の点 $\mathbf{x}$ と，$\mathbf{x}$ から $\Delta\mathbf{x}$ だけ離れた点を考えると，関数 f の増分を $\Delta f = f(\mathbf{x}+\Delta\mathbf{x}) - f(\mathbf{x})$ とし，$f(\mathbf{x}+\Delta\mathbf{x})$ をテーラー展開して，$\|\Delta\mathbf{x}\| \to 0$ の極限をとると

$$\Delta f = (\nabla f(\mathbf{x}))^{\mathrm{T}}\Delta\mathbf{x}.$$

この右辺は，2つのベクトルの内積であり，$\Delta\mathbf{x}$ が $\nabla f(\mathbf{x})$ と同じ方向をむくときに最大となる．すなわち，$\Delta\mathbf{x}$ のノルムを一定にして考えれば，関数値の変化 Δf が最も大きくなるのは，$\Delta\mathbf{x}$ と $\nabla f(\mathbf{x})$ とが同一方向のときである．よって，勾配 $\nabla f(\mathbf{x})$ は，関数値が最も急激に増大する方向をむいていることがわかる．

● ラグランジュ関数

さて，関数の最大化問題において，最大化したい関数を**目的関数**という．目的関数を $f(\mathbf{x})$ として，$f(\mathbf{x})$ を最大にする制約面上の点 $\mathbf{x}^*$ を考えよう．点 $\mathbf{x}^*$ では，勾配 $\nabla f(\mathbf{x})$ は制約面 $g(\mathbf{x})=0$ に垂直である．その理由は以下のとおりである．すなわち，勾配 $\nabla f(\mathbf{x})$ は，$f(\mathbf{x})$ の値が増加する方向なので，もし垂直でないとすると，$f(\mathbf{x})$ の値がさらに大きくなるように制約面にそって点 $\mathbf{x}$ を動かすことができることになる．しかし，これは $\mathbf{x}^*$ が $f(\mathbf{x})$ を最大にするということに反するからである．上の (1) で示したよ

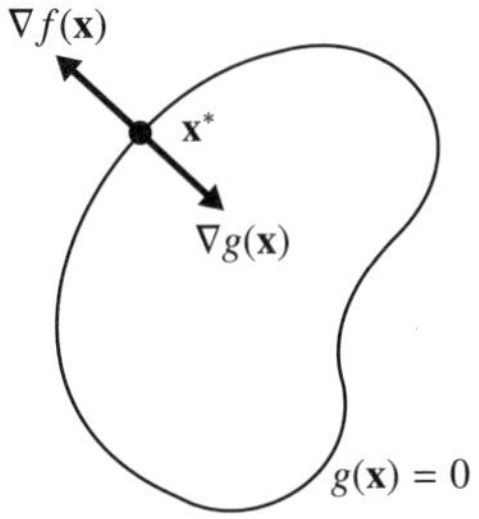

図 7.7　点 $\mathbf{x}$ が，曲面 $g(\mathbf{x}) = 0$ 上に制限されたもとでの関数 $f(\mathbf{x})$ の最大化（あるいは最小化）を考える．極値をとる点では，$\nabla f(\mathbf{x})$ と $\nabla g(\mathbf{x})$ とは平行なベクトルとなる．

うに，$\nabla g(\mathbf{x})$ も $g(\mathbf{x}) = 0$ に垂直なので，$\nabla f(\mathbf{x})$ と $\nabla g(\mathbf{x})$ とは平行なベクトルである（図 7.7）．すなわち，$f(\mathbf{x})$ が $\mathbf{x}$ で極値をとるためには，実数 λ が存在して

$$\nabla f(\mathbf{x}) + \lambda \cdot \nabla g(\mathbf{x}) = 0 \tag{7.4.1}$$

となることが必要である．実数 λ はラグランジュ未定乗数（あるいはラグランジュ乗数）とよばれる．ここでは，$\nabla f(\mathbf{x})$ と $\nabla g(\mathbf{x})$ は平行でありさえすればよいので，λ は正負のどちらの符号もとりうることに注意してほしい．

ここで，$\mathbf{x}$ と λ の関数である

$$L(\mathbf{x}, \lambda) \equiv f(\mathbf{x}) + \lambda \cdot g(\mathbf{x}) \tag{7.4.2}$$

を導入しよう．この $L(\mathbf{x}, \lambda)$ はラグランジュ関数とよばれる．すると，制約条件のもとでの極値をとるための必要条件 (7.4.1) は

$$\nabla_{\mathbf{x}} L(\mathbf{x}, \lambda) = 0$$

と表わされる．ただし，$\nabla_{\mathbf{x}} L \equiv \dfrac{\partial L}{\partial \mathbf{x}}$ である．また，$\dfrac{\partial L}{\partial \lambda} = 0$ とすると，$g(\mathbf{x}) = 0$ が導かれる．

これまでをまとめると以下のようになる．すなわち，等式制約 $g(\mathbf{x}) = 0$ のもとで，関数 $f(\mathbf{x})$ を最大化（あるいは最小化，以下両方併記するのはわずらわしいので最大化とかく）するためには，式 (7.4.2) よりラグランジュ関数 $L(\mathbf{x}, \lambda)$ を定義し，$\mathbf{x}$ と λ に対する停留点，すなわち，方程式 $\nabla_{\mathbf{x}} L = 0$ と $\dfrac{\partial L}{\partial \lambda} = 0$ をみたす $\mathbf{x}$ と λ とを求めればよい．変数 $\mathbf{x}$ は D 次元ベクトルとしているので，未知変数は $\mathbf{x}$ の成分と λ の $(D+1)$ 個あり，また，方程式も $(D+1)$ 個得られるので，その方程式をとけば停留点が得られ，それは，関数 $f(\mathbf{x})$ を最大にする $\mathbf{x}^*$, λ（の候補）である．

例をあげよう．等式制約 $g(x_1, x_2) = x_2 - x_1 - 1 = 0$ のもとで，関数 $f(x_1, x_2) = 1 - x_1^2 - x_2^2$ を最大とする点を求めよう（図 7.8）．まず，ラグランジュ関数をつくると

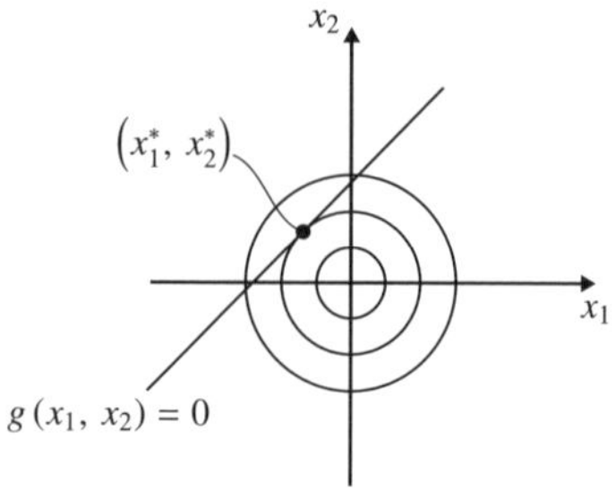

図 7.8　等式制約 $g(x_1, x_2) = x_2 - x_1 - 1 = 0$ のもとで，関数 $f(x_1, x_2) = 1 - x_1^2 - x_2^2$ を最大とする点．同心円は $f(x_1, x_2)$ の等高線．

$$L(x_1, x_2, \lambda) = 1 - x_1^2 - x_2^2 + \lambda(x_2 - x_1 - 1).$$

つづいて，$L(x_1, x_2, \lambda)$ を，x_1, x_2, λ でそれぞれ微分して 0 とおくことにより，

$$-2x_1 - \lambda = 0,$$

$$-2x_2 + \lambda = 0,$$

$$x_2 - x_1 - 1 = 0.$$

これをといて，停留点 $(x_1^*, x_2^*) = (-1/2, 1/2)$ と $\lambda = 1$ を得る．関数 $f(x_1, x_2)$ は，原点から離れるほど値が小さくなり，また，停留点 $(-1/2, 1/2)$ で $g(x_1, x_2)$ が $f(x_1, x_2)$ の等高線と接し，それより原点に近い点では $g(x_1, x_2)$ は $f(x_1, x_2)$ の等高線とまじわらないので，停留点 $(-1/2, 1/2)$ は $f(x_1, x_2)$ を最大にする点である．

● 不等式制約

つぎに，不等式制約 $g(\mathbf{x}) \geq 0$ のもとでの目的関数 $f(\mathbf{x})$ の最大化を考えよう（図 7.9）．目的関数 $f(\mathbf{x})$ を最大とする点 $\mathbf{x}$ には，2 つの可能性がある．

1 つは，最大点が $g(\mathbf{x}) > 0$ をみたす領域にある場合である．このときは，最大点は曲面 $g(\mathbf{x}) = 0$ 上にないため，その領域では，$\mathbf{x}$ をその近傍において「自由」に動かすことができる．よって，最大化には制約条件を考慮する必要はなくなり，変数間に制約がないときの関数の最大化問題に帰着され，$\nabla f(\mathbf{x}) = 0$ をとけばよい．この方程式は，ラグランジュ関数 (7.4.2) において，$\lambda = 0$ とした場合の極値をとる条件である．それゆえ，この場合，不等式制約は無効制約とよばれる．

もう 1 つは，最大点が $g(\mathbf{x}) = 0$ をみたす曲面上にある場合であり，このときには不等式制約は有効制約とよばれる．この場合は，実質上，等式制約であり，$f(\mathbf{x})$ を最大化する $\mathbf{x}$ は，$\lambda \neq 0$ としたときのラグランジュ関数 (7.4.2) の停留条件 $\nabla_{\mathbf{x}} L = 0$, $\dfrac{\partial L}{\partial \lambda} = 0$ をみたす必要がある．ただし，以下に示すように，この場合には，ラグランジュ未定乗数 λ の符号が重要になる．すなわち，まず，関数の勾配の方向は，その関数が

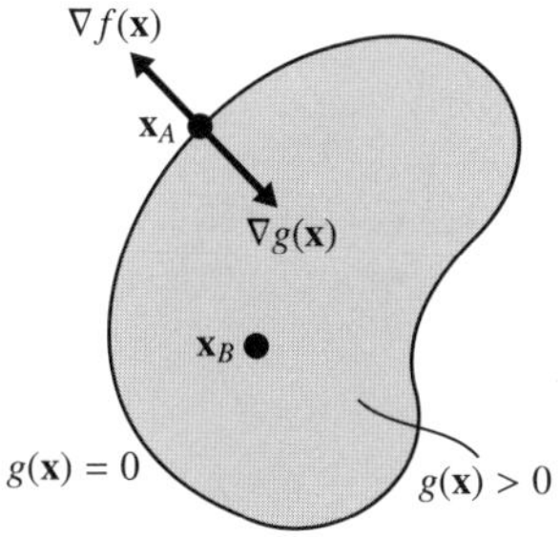

図 **7.9** 点 $\mathbf{x}$ が，$g(\mathbf{x}) \geq 0$（曲面上と，その曲面でへだてられた片側の領域）に制限されたもとでの目的関数 $f(\mathbf{x})$ の最大化（あるいは最小化）を考える．

増大する向きであることに注意すると，図 7.9 に示すように，関数 $f(\mathbf{x})$ が最大となるためには，勾配 $\nabla f(\mathbf{x})$ の方向が，領域 $g(\mathbf{x}) > 0$ の外側へとむかわなければならない．また，$\nabla g(\mathbf{x})$ は，領域 $g(\mathbf{x}) > 0$ の内側方向である．よって，$\lambda > 0$ が存在して $\nabla f(\mathbf{x}) = -\lambda g(\mathbf{x})$ が成立する必要がある．

以上により，制約が，有効あるいは無効のいずれのときにも，$\lambda \cdot g(\mathbf{x}) = 0$ が成りたつことがわかる．したがって，不等式制約 $g(\mathbf{x}) \geq 0$ のもとで関数 $f(\mathbf{x})$ を最大にする $\mathbf{x}$ を求めるには，**Karush-Kuhn-Tucker** 条件（**KKT** 条件）とよばれる以下の

$$g(\mathbf{x}) \geq 0, \tag{7.4.3}$$

$$\lambda \geq 0, \tag{7.4.4}$$

$$\lambda \cdot g(\mathbf{x}) = 0 \tag{7.4.5}$$

のもとで，ラグランジュ関数 (7.4.2) の停留条件 $\nabla_{\mathbf{x}} L = 0$, $\dfrac{\partial L}{\partial \lambda} = 0$ をみたす $\mathbf{x}$（と λ）を求めれば，それが $\mathbf{x}^*$ の候補となる．

また，制約条件 $g(\mathbf{x}) \geq 0$ のもとで，目的関数 $f(\mathbf{x})$ を最小化したい場合は，やはり，$\lambda \geq 0$ のもとで，ラグランジュ関数

$$L(\mathbf{x}, \lambda) \equiv f(\mathbf{x}) - \lambda \cdot g(\mathbf{x}) \tag{7.4.6}$$

を $\mathbf{x}$ について最小化すればよい．

● 一般の制約条件

これまでの話を，等式制約と不等式制約がおのおの複数存在する場合に拡張するのは容易である．ここでは，等式制約 $g_j(\mathbf{x}) = 0$, $j = 1, \ldots, J$, と，不等式制約 $h_k(\mathbf{x}) \geq 0$, $k = 1, \ldots, K$, とのもとで，目的関数 $f(\mathbf{x})$ を最大化することを考える．この場合，それぞれの制約式に対応したラグランジュ未定乗数 λ_j, $j = 1, \ldots, J$, と，μ_k, $k = 1, \ldots, K$, とを導入して，ラグランジュ関数

$$L(\mathbf{x}, \{\lambda_j\}, \{\mu_k\}) \equiv f(\mathbf{x}) + \sum_{j=1}^{J} \lambda_j \cdot g_j(\mathbf{x}) + \sum_{k=1}^{K} \mu_k \cdot h_k(\mathbf{x}) \tag{7.4.7}$$

の停留条件をみたす $\mathbf{x}$（と λ_j, μ_k）を求めればよい．ただし，不等式制約 $h_k(\mathbf{x}) \geq 0$ に対応するラグランジュ未定乗数には，$\mu_k \geq 0$ と $\mu_k \cdot h_k(\mathbf{x}) = 0, k = 1, \ldots, K$, という KKT 条件がつく．

● **双対表現**

簡単のため，1 つの不等式制約 $g(\mathbf{x}) \geq 0$ のもとでの関数 $f(\mathbf{x})$ の最大化を考えよう．ラグランジュ関数 (7.4.2) の $\mathbf{x}$ についての停留条件 $\nabla_{\mathbf{x}} L = 0$ をみたす $\mathbf{x}$ が λ の関数 $\boldsymbol{x}(\lambda)$ として求まったとしよう（λ についての停留条件は考慮しないので，λ についてとけている必要はない）．この $\boldsymbol{x}(\lambda)$ をラグランジュ関数 (7.4.2) に代入すると，λ だけの関数 $\tilde{L}(\lambda)$ を得る．この関数 $\tilde{L}(\lambda)$ を，**ラグランジュ双対関数**，あるいは，もとのラグランジュ関数の**双対表現**という[7]．

変数 $\mathbf{x}$ の制約式のもとで，目的関数 $f(\mathbf{x})$ を最大化する問題を**主問題**とよぶ．それに対し，その双対表現を目的関数とする最小化問題を**双対問題**とよぶ．主問題は，目的関数の最大化であるのに対し，双対問題は目的関数の最小化であることに注意してほしい（主問題が目的関数の最小化であれば，双対問題は目的関数の最大化である）．

主問題において，一般に，最大化したい $f(\mathbf{x})$ は凹とはかぎらないので，停留点が求まったとしても，それが $f(\mathbf{x})$ を最大とするかどうかはわからない．それに対し，ラグランジュ双対関数はつねに凸になることが知られており，その停留点はラグランジュ双対関数を最小にする．また，もとのラグランジュ関数が凹であり，KKT 条件が成りたてば，ラグランジュ双対関数を最小にする $\lambda^* \geq 0$ は，関数 $f(\mathbf{x})$ を最大にする $\mathbf{x}^*$ に対し

$$\mathbf{x}^* = \boldsymbol{x}(\lambda^*)$$

をみたすことが知られている．これらの性質により，ラグランジュ関数の双対表現を求めて，その最適化問題をとくことに帰着すれば，解を求めることが簡便になることがある．以下でのべる SVM はその典型例となっている．

7.4.1　マージンの最大化による分類

■ 定式化：主問題

線形モデル

$$y(\mathbf{x}) = \mathbf{w}^{\mathrm{T}} \boldsymbol{\phi}(\mathbf{x}) + b \tag{7.4.8}$$

---

[7] 正確には，ラグランジュ双対関数は，$\tilde{L}(\lambda) = \sup_{\mathbf{x}} L(\mathbf{x}, \lambda)$ として定義される．ここで，$\sup_{\mathbf{x}} f(\mathbf{x})$ は関数 f の上限である．

をもちいて2クラス分類をおこなうとしよう．ただし，$\boldsymbol{\phi}$ は固定された基底関数で，b はバイアスパラメータで重み $\mathbf{w}$ にふくませずに陽にかいている．また，学習データを $\mathcal{D} = \{(\mathbf{x}_1, t_1), \ldots, (\mathbf{x}_N, t_N)\}$, $t_n \in \{-1, 1\}$ とする[8]．

しばらくは，学習データは特徴空間で線形分離可能と仮定する．それゆえ，一般性をうしなうことなく，少なくとも一組のパラメータ $\mathbf{w}$ と b が存在して，式 (7.4.8) の $y(\mathbf{x}_n)$ が，$t_n = +1$ である点については $y(\mathbf{x}_n) > 0$ となり，$t_n = -1$ である点については $y(\mathbf{x}_n) < 0$ となると仮定できる．これは，まとめて $t_n \cdot y(\mathbf{x}_n) > 0$ とかけることに注意してほしい．

一般に，クラスを分離できる解は多数存在する．その中で解を1つに決めたとき，新たな入力に対する平均的な誤差を，その解の汎化誤差という．学習データを分離する解が複数存在する場合，汎化誤差が最も小さくなるような解が望ましいという考え方は納得しやすいであろう．SVM は，マージンという概念を導入して，汎化誤差が最も小さくなる解を求めようとする手法である．ここで，マージンとは，図 7.10a に示すように，決定境界と学習データの間の最短距離をさす．SVM では，決定境界としてマージンが最大となるものを選ぶ．

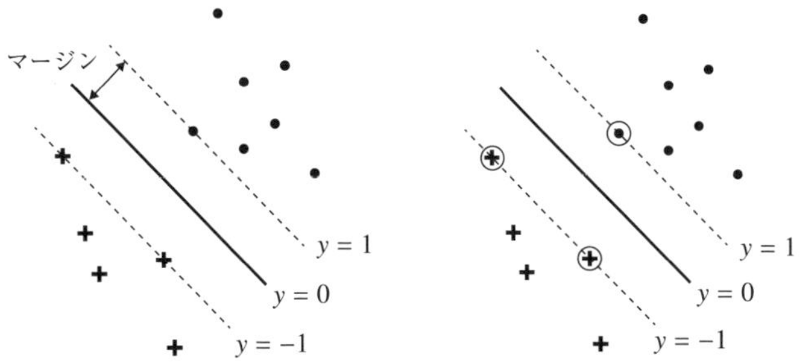

(a) マージン．　(b) サポートベクトル．

図 7.10　マージン最大化により決まる決定境界．決定境界と学習データの間の最短距離がマージンである．決定境界は，丸印で示したサポートベクトルとよばれる学習データ点によって決まる．

---

[8] $t_n \in \{0, 1\}$ ではなく，第 II 部の 4.4.4 項と同様に $t_n \in \{-1, 1\}$ としたことに注意．

以下，マージン最大化を定式化しよう．まず，学習データは線形分離可能と仮定しているので，すべてのデータ点を正しく分類する解に対して $t_n \cdot y(\mathbf{x}_n) > 0$ が，すべての n について成りたつことに注意する．また，第II部の 4.4.2 項でのべたように，平面 $y(\mathbf{x}) = 0$ から点 $\mathbf{x}$（特徴空間では $\boldsymbol{\phi}(\mathbf{x})$）までの距離は $\dfrac{|y(\mathbf{x})|}{\|\mathbf{w}\|}$ であたえられる（図 4.7 参照）．したがって，点 $\boldsymbol{\phi}(\mathbf{x}_n)$ から決定境界までの距離は

$$\frac{t_n \cdot y(\mathbf{x}_n)}{\|\mathbf{w}\|} = \frac{t_n \cdot (\mathbf{w}^{\mathrm{T}}\boldsymbol{\phi}(\mathbf{x}_n) + b)}{\|\mathbf{w}\|} \tag{7.4.9}$$

とかくことができる．マージンは，学習データと決定境界との最短距離であるから

$$\min_n \frac{t_n \cdot (\mathbf{w}^{\mathrm{T}}\boldsymbol{\phi}(\mathbf{x}_n) + b)}{\|\mathbf{w}\|} = \frac{1}{\|\mathbf{w}\|} \min_n \{t_n \cdot (\mathbf{w}^{\mathrm{T}}\boldsymbol{\phi}(\mathbf{x}_n) + b)\}$$

と表現できる．これを最大にするパラメータ $\mathbf{w}$ と b が求めるもので，その組は

$$(\mathbf{w}, b) = \arg\max_{\mathbf{w}, b} \left\{ \frac{1}{\|\mathbf{w}\|} \min_n [t_n \cdot (\mathbf{w}^{\mathrm{T}}\boldsymbol{\phi}(\mathbf{x}_n) + b)] \right\} \tag{7.4.10}$$

となる．

式 (7.4.10) の右辺を計算するために簡単な形に変形しよう．まず，パラメータ $\mathbf{w}$ と b をおのおの k 倍しても，点 $\mathbf{x}_n$ から決定境界までの距離 $\dfrac{|t_n y(\mathbf{x}_n)|}{\|\mathbf{w}\|}$ はかわらないことに注意する．すると，$\mathbf{w}$ と b を適当に同じ定数倍することで，決定境界に最も近い点について

$$t_n \cdot (\mathbf{w}^{\mathrm{T}}\boldsymbol{\phi}(\mathbf{x}_n) + b) = 1 \tag{7.4.11}$$

をみたすようにすることができる．この式をみたすように定数倍された $\mathbf{w}$ と b を，あらためて $\mathbf{w}$ と b とかこう．すると，すべてのデータ点について

$$t_n \cdot (\mathbf{w}^{\mathrm{T}}\boldsymbol{\phi}(\mathbf{x}_n) + b) \geq 1, \quad n = 1, \ldots, N \tag{7.4.12}$$

が成りたつ．

制約式 (7.4.12) において，データ点 $(\mathbf{x}_n, t_n)$ に対し等号が成立するとき，この制約は有効であるといい，等号が成立しないとき，無効であるという．

定義から，有効な制約は少なくとも1つは存在する．また，マージンを最大化するようにパラメータを決定すると，そのパラメータに対し，正例と負例にそれぞれに少なくとも1つは有効な制約がある．

さて，有効な制約をみたすデータ点は必ず存在する．そのようなデータ点に対しては式 (7.4.11) が成立し，それ以外では制約 (7.4.12) が成りたつので，式 (7.4.10) の右辺を求めることは，$\|\mathbf{w}\|^{-1}$ を最大化することに帰着される．これは，$\|\mathbf{w}\|^2$ を最小化することと等価である．すなわち，制約式 (7.4.12) のもとで

$$(\mathbf{w},\, b) = \arg\min_{\mathbf{w},\, b} \frac{1}{2}\|\mathbf{w}\|^2 \tag{7.4.13}$$

がマージンを最大化するパラメータとなる．ただし，1/2 は，あとの計算が楽になるようにつけている．一般に，連立線形不等式であたえられる制約のもとで，2次関数を最小化する問題は**2次計画問題**とよばれる．線形不等式 (7.4.12) のもとで，式 (7.4.13) の右辺を求めることは2次計画問題の1つの例となっている．

なお，式 (7.4.13) において，バイアスパラメータ b は，最適化には無関係になったようにみえる．しかし，$\|\mathbf{w}\|$ がかわったとき，b の値もかわらなければ制約 (7.4.12) をみたすことができないので，$\|\mathbf{w}\|$ の最適化では b を考慮する必要がある．

■ 双対表現：双対問題へ

制約 (7.4.12) のもとで，式 (7.4.13) の右辺をとこう．そのために，制約つきの最適化問題をとくうえでの常套手段であるラグランジュの未定乗数法をもちいる．制約 (7.4.12) の一つひとつに対して未定乗数 $a_n \geq 0,\ n = 1, \ldots, N$, を導入すれば，ラグランジュ関数

$$L(\mathbf{w},\, b,\, \mathbf{a}) = \frac{1}{2}\|\mathbf{w}\|^2 - \sum_{n=1}^{N} a_n \{t_n(\mathbf{w}^{\mathrm{T}}\boldsymbol{\phi}(\mathbf{x}_n) + b) - 1\} \tag{7.4.14}$$

を得る．ただし，$\mathbf{a} = (a_1 \ \cdots \ a_N)^{\mathrm{T}}$ である．和記号の前のマイナス符号に注意してほしい．これは，$\mathbf{w}$ と b については最小化するためである．

解法の方針は，$\mathbf{w}$ と b の最適化を，$\mathbf{a}$ の最適化に置きかえることである．すなわち，ラグランジュ関数の双対表現を求め，それを最大化する．そのため，まず，ラグランジュ関数 (7.4.14) の $\mathbf{w}$ と b に対する停留条件を求める．それには，$\mathbf{w}$ と b でそれぞれラグランジュ関数を微分して 0 とおけばよく，それらは

$$\mathbf{w} = \sum_{n=1}^{N} a_n t_n \boldsymbol{\phi}(\mathbf{x}_n), \tag{7.4.15}$$

$$0 = \sum_{n=1}^{N} a_n t_n \tag{7.4.16}$$

となる．これらをラグランジュ関数 (7.4.14) に代入して $\mathbf{w}$ と b とを消去すると，

$$\tilde{L}(\mathbf{a}) = \sum_{n=1}^{N} a_n - \frac{1}{2} \sum_{n=1}^{N} \sum_{m=1}^{N} a_n a_m t_n t_m k(\mathbf{x}_n, \mathbf{x}_m) \tag{7.4.17}$$

を得る．ただし，$k(\mathbf{x}, \mathbf{x}') = \boldsymbol{\phi}(\mathbf{x})^{\mathrm{T}} \boldsymbol{\phi}(\mathbf{x}')$ である．式 (7.4.14) が，$\mathbf{w}$ と b，$\mathbf{a}$ の関数であるのに対し，$\tilde{L}(\mathbf{a})$ は，$\mathbf{a}$ だけの関数であることに注意してほしい．式 (7.4.17) はラグランジュ関数 (7.4.14) の双対表現である．このように，ラグランジュ関数を $\mathbf{a}$ だけの関数として表現したことにより，$\mathbf{w}$ と b との最適化が，双対表現 (7.4.17) を目的関数とした $\mathbf{a}$ の最大化になる．ただし，$\mathbf{a}$ は以下の制約をみたすとする．

$$a_n \geq 0, \quad n = 1, \ldots, N, \tag{7.4.18}$$

$$\sum_{n=1}^{N} a_n t_n = 0. \tag{7.4.19}$$

双対表現を目的関数とした最大化は，やはり 2 次計画問題である．

式 (7.4.17) の形の 2 次計画問題をとく具体的アルゴリズムについてはあとでのべることとし，ここでは，双対表現 (7.4.17) を最大化する a_n が求まったとしよう．ラグランジュ未定乗数 a_n が求まれば，バイアスパラメータ b も簡単に求まる．これについてはすぐあとでのべる．学習ずみの a_n と b とを

もちいて，新たなデータ点 $\mathbf{x}$ を分類するには，線形モデル (7.4.8) の $\mathbf{w}$ を式 (7.4.15) の右辺で置きかえて

$$y(\mathbf{x}) = \sum_{n=1}^{N} a_n t_n k(\mathbf{x}, \mathbf{x}_n) + b \tag{7.4.20}$$

の符号をみればよい．

さて，もとの式 (7.4.14) には，基底関数 $\boldsymbol{\phi}(\mathbf{x})$ の次元数 M の変数がある．それに対し，式 (7.4.17) には，学習データ数 N と同じ数の変数（ラグランジュ未定乗数）がある．一般に，学習データ数は基底関数の次元数よりも大きいので，基底関数をもちいたままの双対表現を最大化することは，もとの問題の最小化よりも計算資源の観点からは不利である．しかし，それにもかかわらず，双対問題に置きかえて最適化問題をとくのは，以下にのべるカーネルトリックがつかえるからである．

■ カーネルトリック

式 (7.4.17) では，基底関数 $\boldsymbol{\phi}(\mathbf{x})$ の内積で定義されたカーネル関数をもちいて双対表現を表わした．一般に，式の中で，基底関数 $\boldsymbol{\phi}(\mathbf{x})$ がすべて内積の形で表現されているとき，**カーネルトリック**（あるいは**カーネル置換**）とよばれるテクニックがつかえる．すなわち，すべての内積 $\boldsymbol{\phi}(\mathbf{x})^{\mathrm{T}}\boldsymbol{\phi}(\mathbf{x}')$ を，カーネル関数 $k(\mathbf{x}, \mathbf{x}')$ で置きかえた式にする．ただし，カーネル関数は，通常，内積 $\boldsymbol{\phi}(\mathbf{x})^{\mathrm{T}}\boldsymbol{\phi}(\mathbf{x}')$ で定義される関数とはかぎらず，ガウスカーネルなどのほかのカーネル関数を導入するのが一般的である．カーネルトリックをつかえば，式 (7.4.20) の $k(\mathbf{x}, \mathbf{x}_n)$ は，内積 $\boldsymbol{\phi}(\mathbf{x})^{\mathrm{T}}\boldsymbol{\phi}(\mathbf{x}_n)$ をほかのカーネル関数に置きかえたものになる．

これにより，もとの式であつかわれた特徴空間の次元よりも高次な空間，とりわけ無限次元の空間に学習データを写像し，その空間でモデルを表現することが可能になる．低次元の空間では線形分離できないデータも，より高次元の空間へ写像すれば，線形分離可能となる場合があるので，カーネルトリックは多用される．

■ サポートベクトル

いま考えているラグランジュ関数 (7.4.14) の最小化で成りたつ KKT 条件を列記すると，

$$a_n \geq 0, \tag{7.4.21}$$

$$t_n y(\mathbf{x}_n) - 1 \geq 0, \tag{7.4.22}$$

$$a_n\{t_n y(\mathbf{x}_n) - 1\} = 0 \tag{7.4.23}$$

となる．最後の (7.4.23) から，$a_n = 0$ か，$t_n y(\mathbf{x}_n) = 1$ のどちらかが成りたつことがわかる．データ点 $\mathbf{x}_n$ に対し，$a_n = 0$ が成りたつ場合は，分類予測 (7.4.20) へのそのデータの寄与はない．それ以外の $a_n \neq 0$ となるデータ $\mathbf{x}_n$ が，新たな入力の分類 (7.4.20) に影響を及ぼす．そのような学習データ点は，サポートベクトルとよばれ，図 7.10b に丸印で示されている．サポートベクトルに対しては，$t_n y(\mathbf{x}_n) = 1$ が成りたつ．サポートベクトルでないデータ点は，分類に寄与しないので学習後には不要となる．

ここで，バイアスパラメータ b を求めておこう．まず，サポートベクトルでない $\mathbf{x}_n$ は $a_n = 0$ なので，式 (7.4.20) は，サポートベクトルだけをつかって

$$y(\mathbf{x}) = \sum_{m \in \mathcal{SV}} a_m t_m k(\mathbf{x}, \mathbf{x}_m) + b$$

と書きなおすことができる．ただし，$\mathcal{SV}$ は，サポートベクトルの添字からなる集合である．さらに任意のサポートベクトル $\mathbf{x}_n$ については，$t_n y(\mathbf{x}_n) = 1$ が成りたつので，両辺に t_n をかけて

$$t_n \cdot \left(\sum_{m \in \mathcal{SV}} a_m t_m k(\mathbf{x}_n, \mathbf{x}_m) + b \right) = 1$$

が成立する．やはり，$\mathcal{SV}$ は，サポートベクトルの添字からなる集合である．任意の1つのサポートベクトルをもちいれば，この式から b を求めることができる．しかし，数値計算の誤差を減らすためには，すべてのサポートベクトルを考慮して平均をとるとよい．具体的には，$t_n^2 = 1$ に注意して，上式の両辺に t_n をかけてから，すべてのサポートベクトルに対しての平均をとり

$$b = \frac{1}{N_{\mathcal{SV}}} \sum_{n \in \mathcal{SV}} \left(t_n - \sum_{m \in \mathcal{SV}} a_m t_m k(\mathbf{x}_n, \mathbf{x}_m) \right) \tag{7.4.24}$$

とする．ただし，$N_{\mathcal{SV}}$ はサポートベクトルの総数である．

7.4.2 線形分離可能でないデータに対する SVM

これまでの議論では，学習データは特徴空間において線形分離可能であり，その空間でマージンを最大にする決定境界は，もとの入力空間において一般に複雑な曲面に対応するが，データを完全に分離できることを仮定してきた．しかし，一般には，特徴空間で学習データを完全に分離する決定境界をもつ分類器の予測性能がよいとはかぎらない．というのは，2 クラスの入力空間での分布間には重なりがあるのが普通であるのに対し，データを完全に分離する複雑な決定境界をもつ分類器は過学習を起こしている可能性がある．そこで，学習データを完全には分離せず，一部のデータに対しては誤分類をゆるすように，マージン最大による分類法を修正しよう．

マージン最大化は，式 (7.4.13) を目的関数とし，制約 (7.4.12) のもとでその目的関数を最小にする $\mathbf{w}$ と b とを求めることである．データが線形分離可能であるとき，マージン最大化により求まった決定境界のもとでは，マージンの内側にはデータは存在しない．修正の方針は，マージンを最大化しつつ，マージンの内側にも，あるいはさらに，決定境界をまたいで反対側でもデータが存在することをゆるすように誤差関数を拡張することである．すなわち，$\|\mathbf{w}\|^2$ にくわえ，マージンの内側にあるデータに対し，マージンからの距離に比例するペナルティをかす誤差関数を考える．ただし，マージンの内側にデータが存在することをゆるすので，制約 (7.4.12) も変更する必要がある．

そのため，データ点ごとにスラック変数 $\xi_n \geq 0$, $n = 1, \ldots, N$, を導入しよう．簡単のため，しばらくは，特徴空間ではなく入力空間で議論をすすめる．スラック変数は，

(1) データ点 $\mathbf{x}_n$ が正しく分類され，かつマージン境界上かまたは外側にあるときには $\xi_n = 0$ をとり，

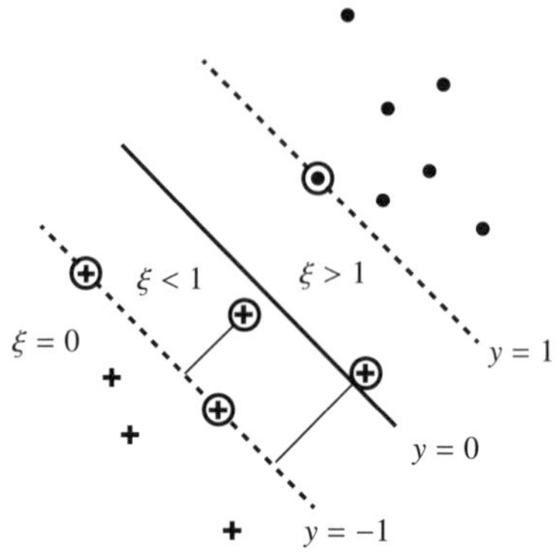

図 7.11　スラック変数 ξ_n．$\xi_n = 0$ であれば，データ点 $\mathbf{x}_n$ は，正しく分類されており，マージン境界上か，あるいは正しい側に存在する．また，$0 < \xi_n \leq 1$ となる $\mathbf{x}_n$ は，マージン内部にあり，正しく分類されている．さらに，$\xi_n > 1$ となる $\mathbf{x}_n$ は，分類境界の反対側にあり誤分類されている．丸印でかこまれたデータ点はサポートベクトルである．

(2) それ以外のときには $\xi_n = |t_n - y(\mathbf{x}_n)|$ をとる

ように定義される（図 7.11）．目標変数 t_n は，-1 か 1 のどちらかをとり，また，$y(\mathbf{x}) = 0$ をみたす $\mathbf{x}$ は決定境界上にある．これらを考慮し，さらに，$y(\mathbf{x}_n)$（の絶対値）は，決定境界から $\mathbf{x}_n$ までの距離であることを思いだすと，$\mathbf{x}_n$ がマージンの内側にある場合，$|t_n - y(\mathbf{x}_n)|$ は，マージン境界からの距離となることがわかる．決定境界上にある $\mathbf{x}_n$ に対しては，$y(\mathbf{x}_n) = 0$ で $t_n = \pm 1$ だから $\xi_n = 1$ となり，また，誤分類されたデータ点については $\xi_n > 1$ となる．

スラック変数をもちいて，まず，制約 (7.4.12) を修正しよう．この制約は，$t_n \cdot y(\mathbf{x}_n) \geq 1$ とかくことができることに注意して，制約 (7.4.12) を

$$t_n \cdot y(\mathbf{x}_n) \geq 1 - \xi_n, \quad n = 1, \ldots, N \tag{7.4.25}$$

と修正する．ただし，

$$\xi_n \geq 0, \quad n = 1, \ldots, N \tag{7.4.26}$$

をみたさなければならない．この修正は，ハードマージン制約 (7.4.12) のソフトマージンへの緩和とよばれる．この修正により，データ点は，マージンの内側にはいることができるようになる．なお，ξ_n の値は，あとでのべる最適化の結果として定まる．データ点 $\mathbf{x}_n$ に対し，対応するスラック変数 ξ_n の値により，$\mathbf{x}_n$ と決定境界，$\mathbf{x}_n$ とマージンの位置関係が定まる（図 7.11）．すなわち，

(1) スラック変数 ξ_n が 0，すなわち，$\xi_n = 0$ であれば，$\mathbf{x}_n$ は，正しく分類されており，また，マージン境界上か，あるいは正しい側に存在する．
(2) $0 < \xi_n \leq 1$ となるデータ点 $\mathbf{x}_n$ は，マージン内部にあり，正しく分類されている．
(3) $\xi_n > 1$ となる $\mathbf{x}_n$ は，分類境界の反対側にあり誤分類されている．

つぎに，目的関数 (7.4.13) を修正する．さきにのべたように，マージンの内側にあるデータに対しては，マージンからの距離に比例するペナルティをあたえ，また，$\|\mathbf{w}\|^2$ も反映する関数を考える．すなわち，

$$C\sum_{n=1}^{N}\xi_n + \frac{1}{2}\|\mathbf{w}\|^2 \tag{7.4.27}$$

を目的関数とする．ただし $C > 0$ は，スラック変数で表現されるペナルティと，マージンの大きさとのトレードオフを決めるパラメータである．誤分類されたデータ点に対しては $\xi_n > 1$ となるので，$\sum_n \xi_n$ は，誤分類されたデータ数以上になる．

これで，とくべき問題が定式化された．すなわち，制約 (7.4.25) と (7.4.26) のもとで，目的関数 (7.4.27) を最小とする $\mathbf{w}$ と b とを定めることである．この主問題に対して，まず，ラグランジュ関数を書きくだそう．制約 (7.4.25) に対するラグランジュ未定乗数 $\mathbf{a} = (a_1 \ \cdots \ a_N)^{\mathrm{T}}$ と，制約 (7.4.26) に対するラグランジュ未定乗数 $\boldsymbol{\mu} = (\mu_1 \ \cdots \ \mu_N)^{\mathrm{T}}$ とを導入すると，ラグランジュ関数は

$$L(\mathbf{w}, b, \boldsymbol{\xi}, \mathbf{a}, \boldsymbol{\mu}) = \frac{1}{2}\|\mathbf{w}\|^2 + C\sum_{n=1}^{N}\xi_n - \sum_{n=1}^{N} a_n\{t_n \cdot y(\mathbf{x}_n) - 1 + \xi_n\} - \sum_{n=1}^{N}\mu_n\xi_n \tag{7.4.28}$$

となる．

つぎに，ラグランジュ関数 (7.4.28) の最適化における KKT 条件を列記すると，$n = 1, \ldots, N$ について

$$a_n \geq 0, \tag{7.4.29}$$

$$t_n \cdot y(\mathbf{x}_n) - 1 + \xi_n \geq 0, \tag{7.4.30}$$

$$a_n(t_n \cdot y(\mathbf{x}_n) - 1 + \xi_n) = 0, \tag{7.4.31}$$

$$\mu_n \geq 0, \tag{7.4.32}$$

$$\xi_n \geq 0, \tag{7.4.33}$$

$$\mu_n\xi_n = 0 \tag{7.4.34}$$

となる．

さて，ラグランジュ関数 (7.4.28) の双対表現を求めよう．式 (7.4.8) より，$y(\mathbf{x}) = \mathbf{w}^{\mathrm{T}}\boldsymbol{\phi}(\mathbf{x}) + b$ であることを思いだして，関数 (7.4.28) の $\mathbf{w}$, b, ξ_n についての停留条件をかくと

$$\frac{\partial L}{\partial \mathbf{w}} = 0, \quad \frac{\partial L}{\partial b} = 0, \quad \frac{\partial L}{\partial \xi_n} = 0.$$

これらの左辺を計算して整理すると

$$\mathbf{w} = \sum_{n=1}^{N} a_n t_n \boldsymbol{\phi}(\mathbf{x}_n), \tag{7.4.35}$$

$$\sum_{n=1}^{N} a_n t_n = 0, \tag{7.4.36}$$

$$a_n = C - \mu_n \tag{7.4.37}$$

となる．これらをラグランジュ関数 (7.4.28) に代入して，双対表現

$$\tilde{L}(\mathbf{a}) = \sum_{n=1}^{N} a_n - \frac{1}{2}\sum_{n=1}^{N}\sum_{m=1}^{N} a_n a_m t_n t_m k(\mathbf{x}_n, \mathbf{x}_m) \tag{7.4.38}$$

を得る．この $\tilde{L}(\mathbf{a})$ は，$\mathbf{a}$ だけの関数であることに注意してほしい．

ラグランジュ未定乗数 a_n に対する制約条件を整理しよう．KKT 条件 (7.4.29) $a_n \geq 0$，および KKT 条件 (7.4.32) $\mu_n \geq 0$，さらに，停留条件 (7.4.37) $a_n = C - \mu_n$ より，$0 \leq a_n \leq C$ であることがわかる．これと，停留条件 (7.4.36) $\sum_{n=1}^{N} a_n t_n = 0$ が必要である．以上をまとめると，ラグランジュの双対問題は，制約

$$0 \leq a_n \leq C, \tag{7.4.39}$$

$$\sum_{n=1}^{N} a_n t_n = 0 \tag{7.4.40}$$

のもとで目的関数 (7.4.38) を最大とする a_n を求めることとなる．これも，また 2 次計画問題になっている．

関数 (7.4.38) を最大とする a_n が求まり，それをつかって b も求まったとしよう．バイアスパラメータ b を求める計算はすぐあとで，また，a_n の計算は 7.4.3 項であたえる．新しい入力 $\mathbf{x}$ を分類するには，式 (7.4.35) を $y(\mathbf{x}) = \mathbf{w}^{\mathrm{T}}\boldsymbol{\phi}(\mathbf{x}) + b$ に代入した

$$y(\mathbf{x}) = \sum_{n=1}^{N} a_n t_n k(\mathbf{x}, \mathbf{x}_n) + b \tag{7.4.41}$$

の符号をみればよい．

ハードマージンの SVM の場合と同様に，得られた解について以下の解釈ができる．すなわち，データ点 $\mathbf{x}_n$ に対し，$a_n = 0$ が成りたつ場合，$\mathbf{x}_n$ はその分類に無関係である．それ以外の $a_n > 0$ となるデータ $\mathbf{x}_n$ がサポートベクトルとなる．サポートベクトルについては，KKT 条件 (7.4.31) と $a_n > 0$ より

$$t_n \cdot y(\mathbf{x}_n) = 1 - \xi_n$$

となる．そして，

(1) $a_n < C$ のときは，停留条件 (7.4.37) より $\mu_n > 0$ であり，さらに，KKT 条件 (7.4.34) から $\xi_n = 0$ が成立する．これにより，データ点はマージン境界上にあることがわかる．

(2) $a_n = C$ のときは，(1) と同様の議論により，データ点はマージンの内部にあり，
 (a) $\xi_n \leq 0$ のときは正しく分類されるのに対し，
 (b) $\xi_n > 0$ のときには誤分類されている

ことがわかる．

最後に，a_n が求まったとして，バイアスパラメータ b を求めておこう．サポートベクトルのうちで，$0 < a_n < C$ となる $\mathbf{x}_n$ については $\xi_n = 0$ が成立する．したがって，$t_n \cdot y(\mathbf{x}_n) = 1$ となることに注意すると，式 (7.4.41) から，そのような $\mathbf{x}_n$ について

$$t_n \cdot \left(\sum_{m \in \mathcal{SV}} a_m t_m k(\mathbf{x}_n, \mathbf{x}_m) + b \right) = 1$$

が成立する．ただし，$\mathcal{SV}$ はサポートベクトルの添字からなる集合である．これより，b を求めることができる．しかし，数値計算の誤差を減らすために，$0 < a_n < C$ であるすべてのサポートベクトルを考慮して平均をとり

$$b = \frac{1}{N_{\mathcal{M}}} \sum_{n \in \mathcal{M}} \left(t_n - \sum_{m \in \mathcal{SV}} a_m t_m k(\mathbf{x}_n, \mathbf{x}_m) \right)$$

とする．ただし，$\mathcal{M} \subset \mathcal{SV}$ は，$0 < a_n < C$ となるすべてのサポートベクトルの添字からなる集合であり，$N_{\mathcal{M}}$ はそのようなサポートベクトルの総数である．

図 7.12 は，17 歳の日本人男子 20 名と女子 20 名の身長および体重の 2 次元データ[9)]に対してソフトマージン SVM をもちいて男女の分類をおこなったときの決定境界を示す．図の (a) は，線形カーネル（通常の内積）を，(b) はガウスカーネルをもちいた場合の結果である．もちいるカーネルの種類で分類境

[9)] http://www.mext.go.jp/b_menu/toukei/chousa05/hoken/1268826.htm

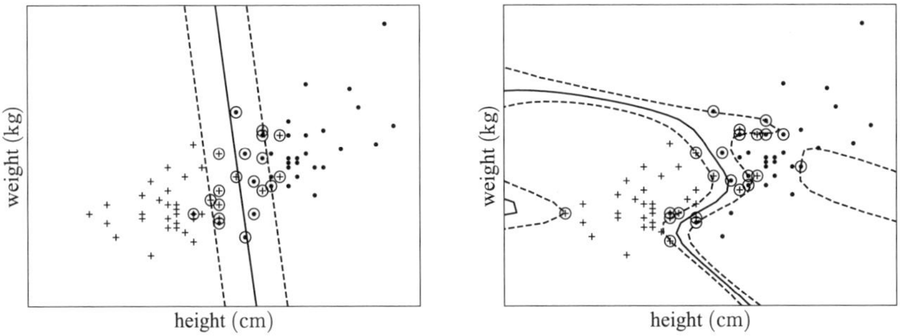

(a) 線形カーネル利用.　　(b) ガウスカーネル利用.

図 7.12　17 歳の日本人男子 20 名と女子 20 名の身長および体重の 2 次元データ（横軸が身長で，縦軸は体重）と，そのデータに対してソフトマージン SVM をもちいて男女の分類をおこなったときの決定境界を示す．スラック変数で表現されるペナルティと，マージンの大きさとのトレードオフを決めるパラメータ C は 1000 とし，また，ガウスカーネルのスケールパラメータは 0.004 とした．データは，日本政府統計ポータルサイトにある学校保健統計調査 2018 年のデータ（政府統計コード：00400002）をもとに作成.

界がまったく異なることに注意してほしい．また，ガウスカーネルをもちいた場合など，カーネルのパラメータを適切に設定する必要がある．これらの選択は，たとえば，データ集合から切りわけた確認用集合をつかっておこなえばよい．

また，8.3 節に掲載した図 8.6 には，人工データに対し，SVM によって分類したときの決定境界を，第 II 部の第 5 章で紹介したニューラルネットワークにより分類したときの決定境界と，6.4 節で導入した k 近傍法による決定境界とともにあげた．

7.4.3　逐次最小問題最適化法

さて，2 次計画問題であるラグランジュ双対関数 $\tilde{L}(\mathbf{a})$ を最大化するアルゴリズムを紹介しよう．2 次計画問題の解法アルゴリズムはこれまでに多く構築されてきた．しかし，汎用的な解法アルゴリズムは SVM の 2 次計画問題のような大規模なデータに対しては不向きなところがある．ここでは，大規模データに対する SVM の最適化アルゴリズムの 1 つである**逐次最小問題最適化法**を簡潔に紹介しよう．逐次最小問題最適化法は，英語の頭文字をとって**SMO**アルゴリズム (sequential minimal optimization algorithm) ともいわれる．

SMO では，最適な解がみつかるまで，1 回に 2 つの変数を選び，ほかを固定して，とる値に制約がある 2 変数 2 次関数の最大化を繰りかえす．2 次関数の最大化なので，基本的には平方完成をしさえすればよい．2 つの変数の選びかたとして，効率的な選択法も知られているが，ランダムに 2 変数を選んだとしても（効率はわるくなるが）最適解に収束することが知られている．ここでは，繰りかえしごとにランダムに 2 変数を選択しよう．

いま一度，双対問題をかいておこう．すなわち，われわれは，制約

$$0 \le a_n \le C,$$
$$\sum_{n=1}^{N} a_n t_n = 0$$

のもとで，目的関数

$$\tilde{L}(\mathbf{a}) = \sum_{n=1}^{N} a_n - \frac{1}{2}\sum_{n=1}^{N}\sum_{m=1}^{N} a_n a_m t_n t_m k(\mathbf{x}_n, \mathbf{x}_m)$$

を最大にする a_n を求めたい．

まず，変数 a_n に対し，新たな変数

$$z_n = t_n \cdot a_n, \quad n = 1, \ldots, N$$

を導入する．ラベル t_n は，-1 か 1 のどちらかであるから

$$t_n z_n = t_n^2 a_n = a_n$$

が成りたつ．この変数 z_n をもちいて双対表現を書きなおすと，$t_n^2 = 1$ を考慮して

$$\tilde{L}(\mathbf{z}) = \sum_{n=1}^{N} t_n z_n - \frac{1}{2}\sum_{n=1}^{N}\sum_{m=1}^{N} z_n z_m k(\mathbf{x}_n, \mathbf{x}_m) \tag{7.4.42}$$

となり，変数 z_n に対する制約は

$$\sum_{n=1}^{N} z_n = 0, \tag{7.4.43}$$

$$0 \leq z_n \leq C \quad \text{for } t_n = +1, \tag{7.4.44}$$

$$-C \leq z_n \leq 0 \quad \text{for } t_n = -1 \tag{7.4.45}$$

となる．ただし，$\mathbf{z} = (z_1 \ \cdots \ z_N)^{\mathrm{T}}$ である．

さて，N 個の変数 z_n から 2 個を選び，簡単のためそれらを z_1，z_2 とかこう．ほかの変数の値は固定して，z_1, z_2 の値を変更して双対表現を「最大」にする．変数に制約がなければ，双対表現 (7.4.42) は，変数 z_1 と z_2 の 2 次関数であり，平方完成によりこれを最大とする z_1 と z_2 は簡単に求まる．しかし，z_1 と z_2 とには制約があり，動ける範囲は限定されている．そのため，この 2 つの変数の値を，それぞれ $\Delta z_1, \Delta z_2$ だけ変化させ，

$$z_1 + \Delta z_1, \quad z_2 + \Delta z_2$$

としたとき，Δz_1 と Δz_2 に対する制約がどうなるかをみよう．制約条件 (7.4.43) をみたすためには，変更の前後でそれらの値の和は同じ，すなわち，

$$z_1 + z_2 = z_1 + \Delta z_1 + z_2 + \Delta z_2$$

でなければならない．これから，まず，

$$\Delta z_1 = -\Delta z_2$$

であることが必要となる．これにより，自由に動かせる変数は実質的に 1 つだけであることがわかる．よって以下では，z_1, z_2 にかわって，Δz_1 の 1 変数の最適化問題として再定式化する．

まず，Δz_1 に対する制約を導こう．変更後の $z_1 + \Delta z_1$，$z_2 + \Delta z_2$ が制約 (7.4.44) と (7.4.45) とをみたすためには，

$$
\begin{aligned}
0 \leq z_1 + \Delta z_1 \leq C \quad &\text{for } t_1 = +1, \\
-C \leq z_1 + \Delta z_1 \leq 0 \quad &\text{for } t_1 = -1, \\
0 \leq z_2 + \Delta z_2 \leq C \quad &\text{for } t_2 = +1, \\
-C \leq z_2 + \Delta z_2 \leq 0 \quad &\text{for } t_2 = -1
\end{aligned}
$$

でなければならない．これらを，t_1 と t_2 の符号の正負それぞれの組みあわせについて，$\Delta z_1 = -\Delta z_2$ に注意して考察すると

$$
\begin{aligned}
&\max(-z_1,\, z_2 - C) \leq \Delta z_1 \leq \min(C - z_1,\, z_2) \quad \text{for } t_1 = 1,\, t_2 = 1, \\
&\max(-z_1,\, z_2) \leq \Delta z_1 \leq \min(C - z_1,\, C + z_2) \quad \text{for } t_1 = 1,\, t_2 = -1, \\
&\max(-C - z_1,\, z_2 - C) \leq \Delta z_1 \leq \min(-z_1,\, z_2) \quad \text{for } t_1 = -1,\, t_2 = 1, \\
&\max(-C - z_1,\, z_2) \leq \Delta z_1 \leq \min(-z_1,\, C + z_2) \quad \text{for } t_1 = -1,\, t_2 = -1
\end{aligned}
$$

が必要となることがわかる．これらをまとめて

$$
L \leq \Delta z_1 \leq U \tag{7.4.46}
$$

とかく．ただし，L と U は，それぞれ，t_1 と t_2 の正負におうじた上式の下限と上限とを表わす．

つぎに，双対表現 (7.4.42) を Δz_1 の関数として書きかえよう．そのため，z_1 を Δz_1 に置きかえ，z_2 を $-\Delta z_1$ に置きかえて，さらに，Δz_1 に関する項を抜きだす．すると

$$
\begin{aligned}
\tilde{L}(\Delta z_1) &= \left(t_1 - \sum_{n=1}^{N} z_n k_{n1} - t_2 + \sum_{n=1}^{N} z_n k_{n2} \right) \Delta z_1 - \frac{1}{2}(k_{11} + 2k_{12} + k_{22}) \Delta z_1^2 + \text{const.} \\
&= -\frac{\alpha}{2} \Delta z_1^2 + \beta \Delta z_1 + \text{const.} = -\frac{\alpha}{2} \left(\Delta z_1 - \frac{\beta}{\alpha} \right)^2 + \text{const.}
\end{aligned} \tag{7.4.47}
$$

を得る．ただし，$k_{nm} = k(\mathbf{x}_n,\, \mathbf{x}_m)$，$\alpha = k_{11} + 2k_{12} + k_{22}$，$\beta = t_1 - t_2 - \sum_{n=1}^{N} z_n k_{n1} + \sum_{n=1}^{N} z_n k_{n2}$ とおき，また，const. は，Δz_1 に無関係な項をあつめたものである．

制約 (7.4.46) のもとで，Δz_1 の 2 次関数 (7.4.47) を最大にする Δz_1 を求め

るのは簡単であり

$$\Delta z_1 = \begin{cases} L, & L > \frac{\beta}{\alpha}, \\ U, & U < \frac{\beta}{\alpha}, \\ \dfrac{\alpha}{\beta}, & \text{otherwise} \end{cases} \tag{7.4.48}$$

となる．ただし，$\alpha = k_{11} + 2k_{12} + k_{22}$, $\beta = t_1 - t_2 - \sum_{n=1}^{N} z_n(k_{n1} - k_{n2})$.

7.4.4 SVM の理論的側面

■ ヒンジ誤差関数

これまでにみてきたように，マージン境界の正しい側にあるデータ点に対しては $y_n t_n \geq 1$ であり，$\xi_n = 0$ が成立する．一方，マージン境界の内側にあるデータ点については，$\xi_n = 1 - y_n t_n$ が成立する．ここで，**ヒンジ損失**とよばれる

$$l_h(t, y) \equiv [1 - y \cdot t]_+ \equiv \max(0, 1 - y \cdot t) \tag{7.4.49}$$

を導入しよう．ただし，$[x]_+$ は，$x \geq 0$ なら x をとり，$x < 0$ なら 0 をとる関数である．「ヒンジ」の元の英語は hinge で，これはちょうつがい（蝶番）のことである．形がちょうつがいに似ているのでその名がついている（図 7.13 の実線参照）．ヒンジ損失をつかうと，SVM における目的関数 (7.4.27) $C \sum_{n=1}^{N} \xi_n + \frac{1}{2}\|\mathbf{w}\|^2$ は

$$C \sum_{n=1}^{N} l_h(t_n, y_n) + \frac{1}{2}\|\mathbf{w}\|^2 \tag{7.4.50}$$

と書きかえることができる．よって，SVM における目的関数 (7.4.27) は

$$C \cdot E_h(\mathbf{w}) + \frac{1}{2}\|\mathbf{w}\|^2 \tag{7.4.51}$$

と表わせる．ただし，

$$E_h(\mathbf{w}) \equiv \sum_{n=1}^{N} l_h(t_n, y_n) \tag{7.4.52}$$

と定義し，これはヒンジ誤差関数とよばれる．式 (7.4.52) の右辺には，$\mathbf{w}$ が陽に現われていないが，y_n は $\mathbf{w}$ により決まるので，ヒンジ誤差関数は $\mathbf{w}$ の関数である．以上により，SVM は，2 乗ノルム正則化項つきヒンジ誤差関数 (7.4.51) を最小にする特徴空間における線形分類器といえる．

ヒンジ損失 (7.4.49) を，線形回帰でもちいた 2 乗誤差損失 (1.5.1) と，また，ロジスティック回帰でもちいた交差エントロピー誤差損失 (4.5.2) と比較してみよう．第 II 部の 4.5.3 項で導入した交差エントロピー誤差損失 (4.5.2) は，目標変数 t が 0 または 1 をとることを仮定して定義された．ここでは，SVM におけるヒンジ損失との比較が意味をもつように，$t \in \{-1, 1\}$ として交差エントロピー誤差損失を定義しなおす．この場合も，ロジスティック回帰は，$y(\mathbf{x}) = \mathbf{w}^{\mathrm{T}}\boldsymbol{\phi}(\mathbf{x}) + b$ として，

$$p(t = 1 \,|\, y(\mathbf{x})) = \sigma(y(\mathbf{x})),$$
$$p(t = -1 \,|\, y(\mathbf{x})) = 1 - \sigma(y(\mathbf{x})) = \sigma(-y(\mathbf{x}))$$

である．したがって，$t = 1$ のときと，$t = -1$ のときのどちらの場合も

$$p(t \,|\, y(\mathbf{x})) = \sigma(y(\mathbf{x}) \cdot t)$$

が成りたつ．交差エントロピー誤差損失は，1 つのデータ $(\mathbf{x}, t)$ に対する尤度 $p(t \,|\, \mathbf{w}) = y(\mathbf{x})^t (1 - y(\mathbf{x}))^{1-t}$ の対数をとって符号を反転させたものであるから

$$\hat{l}_{ce}(t, y) = \ln(1 + \exp(-y \cdot t)) \tag{7.4.53}$$

となる．

図 7.13 に，ヒンジ損失，2 乗誤差損失，交差エントロピー誤差損失，0-1 損失を示す．ただし，$z = y \cdot t$ とおき，z の関数として描いている．また，ヒンジ損失以外の損失は点 (0, 1) をとおるので，ヒンジ損失については，式 (7.4.53) を $\ln 2$ でわって (0, 1) をとおるようにしている．いま考えている目

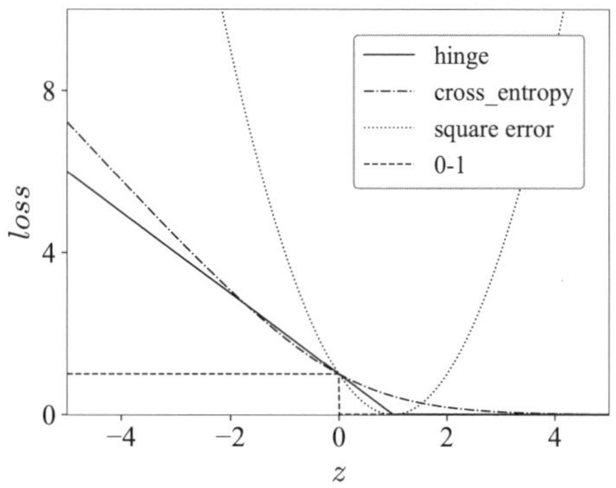

図 7.13 ヒンジ損失，2 乗誤差損失，交差エントロピー誤差損失，0-1 損失．

標変数は $t \in \{-1, 1\}$ であり，$t = 1$ のときには，z は，分類器の出力 $y(\mathbf{x})$ に等しく，$t = -1$ のときは $-y(\mathbf{x})$ に等しい．どちらの場合も，分類結果が正しければ，z の値は正で決定境界からの距離に比例し，誤分類しているときは，z の値は負でその絶対値が決定境界からの距離に比例する．

第 I 部の 1.6 節でのべたように，期待 0-1 損失を最小とする分類器は，誤分類率を最小にするという意味において最適なものといえる．しかし，0-1 損失は，原点で不連続であり，さらに凸でもないので，0-1 損失にもとづく誤差関数に対し最適化することは困難である．図 7.13 からもわかるように，ヒンジ損失と交差エントロピー誤差損失は 0-1 損失の近似としてみることができる．さらに，正則化項つきのヒンジ誤差関数と交差エントロピー誤差関数は，ともに凸であり，これまでにみてきたように最適化可能である[10)]．つまり，SVM とロジスティック回帰は，0-1 損失にもとづく誤差関数の近似を最適化したモデルとみることができる．とりわけ，z の値が大きいデータ点，すなわち，正しく分類されており，かつ決定境界から離れたところにあるデータ点（第 II

10) 一般に，2 つの凸関数の和は凸であることを簡単に示すことができる．ヒンジ損失 $l_h(t, y) = \max(0, 1 - \mathbf{w}^{\mathrm{T}} \boldsymbol{\phi}(\mathbf{x})\, t)$ は $\mathbf{w}$ の関数として凸であり，凸である損失関数の和であるヒンジ誤差関数も凸である．また，交差エントロピー誤差関数も，第 II 部の 4.5.4 項で示したように凸である．さらに，2 乗ノルムも凸である．それゆえ，正則化項つきのヒンジ誤差関数と交差エントロピー誤差関数は凸である．

部の 4.4.2 項参照）に対する損失は小さい．それゆえ，そのデータ点の誤差関数への寄与は少なく，そのデータ点はパラメータの決定にほとんど関与しない．それに対し，2 乗和誤差関数を分類の目的関数とすると，正しく分類されていても，決定境界から離れたところにあるデータ点に対してペナルティをあたえる．そのため，2 乗和誤差関数を最小化すると，それらのデータ点に対するペナルティを下げるようにパラメータを学習してしまい，その結果，誤分類が増えてしまう可能性がある．

■ ベイズ決定則とマージン最大化

マージン最大化で定まる決定境界と，クラスの分布をもとにしたベイズ決定則で決まる決定境界との関係を簡単に紹介しよう．クラス $\mathcal{C}_1$ の真の分布を $p_1^*(\mathbf{x}\,|\,\mathcal{C}_1)$ とし，クラス $\mathcal{C}_2$ のそれを $p_2^*(\mathbf{x}\,|\,\mathcal{C}_2)$ としよう．簡単のため，クラスの事前分布は両クラスで同じと仮定する．この仮定のもとでは，ベイズ決定則（第 I 部の 1.6 節）により，$p_1^*(\mathbf{x}\,|\,\mathcal{C}_1) = p_2^*(\mathbf{x}\,|\,\mathcal{C}_2)$ をみたす $\mathbf{x}$ が誤分類率最小という意味で最適な決定境界となる．

しかし，真の分布はわからないので，ガウスカーネルをもちいて，6.2.2 項で導入したカーネル密度推定法により，クラスごとの入力 $\mathbf{x}$ の分布を推定しよう．すなわち，

$$p_1(\mathbf{x}\,|\,\mathcal{C}_1) = \frac{1}{N_1}\sum_{\mathbf{x}_1\in\mathcal{D}_1}\frac{1}{h}k\left(\frac{\|\mathbf{x}-\mathbf{x}_1\|}{h}\right),$$
$$p_2(\mathbf{x}\,|\,\mathcal{C}_2) = \frac{1}{N_2}\sum_{\mathbf{x}_2\in\mathcal{D}_2}\frac{1}{h}k\left(\frac{\|\mathbf{x}-\mathbf{x}_2\|}{h}\right).$$

ここで，h は平滑化パラメータで，$\mathcal{D}_1$ は，クラス $\mathcal{C}_1$ に属するデータ集合，$\mathcal{D}_2$ は，クラス $\mathcal{C}_2$ に属するデータ集合，$N_1 = |\mathcal{D}_1|, N_2 = |\mathcal{D}_2|$，$k(u) = \frac{1}{\sqrt{2\pi}}e^{-\frac{u^2}{2}}$ はガウスカーネルである．すると，$p_1(\mathbf{x}\,|\,\mathcal{C}_1) = p_2(\mathbf{x}\,|\,\mathcal{C}_2)$ をみたす $\mathbf{x}$ が最適な決定境界の近似となる．

平滑化パラメータ $h \to 0$ の極限を考えよう．このとき，$p_1(\mathbf{x}\,|\,\mathcal{C}_1), p_2(\mathbf{x}\,|\,\mathcal{C}_2)$ を構成する $k\left(\frac{\|\mathbf{x}-\mathbf{x}_1\|}{h}\right)$, $k\left(\frac{\|\mathbf{x}-\mathbf{x}_2\|}{h}\right)$ がすべてデータ点を中心に密度が集中した分布になる．そのため，決定境界から離れたデータ点に対するガウスカーネル（密度要素）の決定境界付近の値は 0 となり，結果として，$p_1(\mathbf{x}\,|\,\mathcal{C}_1) =$

$p_2(\mathbf{x}\,|\,\mathcal{C}_2)$ となる決定境界とその付近では，その領域に近いデータ点に対するカーネルの値だけで $p_1(\mathbf{x}\,|\,\mathcal{C}_1)$ と $p_2(\mathbf{x}\,|\,\mathcal{C}_2)$ の値が決まってしまう．とくに，$p_1(\mathbf{x}\,|\,\mathcal{C}_1) = p_2(\mathbf{x}\,|\,\mathcal{C}_2)$ をみたす決定境界は，それぞれのクラスのデータ点のうちで，その決定境界に最も近いデータ点のカーネル値が等しい領域となる．すべてのガウスカーネルで共通の平滑化パラメータ h を仮定しているので，それは，両クラスから等距離にある領域である．これは，決定境界が，マージン最大の面であることを意味する．

7.4.5 多クラス SVM と SVM 回帰

本節の最後に，多クラス SVM と SVM 回帰について簡単にふれよう．多クラス分類器としての SVM はいろいろと提案されている．最も簡単には **1 対他**方式とよばれ，K 個のクラスがあるときには，クラス $\mathcal{C}_k$ に属するデータを正例とし，それ以外のデータを負例として，K 個の SVM を学習する方法である．回帰についても，正則化 2 乗和誤差関数

$$\sum_{n=1}^{N}(y_n - t_n)^2 + \lambda \cdot \|\mathbf{w}\|^2$$

の 2 乗誤差損失 $(y_n - t_n)^2$ を

$$l_\epsilon(t_n,\, y_n) \equiv \begin{cases} 0, & |y(\mathbf{x}_n) - t_n| < \epsilon, \\ |y(\mathbf{x}_n) - t_n| - \epsilon, & \text{otherwise} \end{cases}$$

で置きかえた誤差関数を最小化する手法が提案されている．この手法では，予測 $y(\mathbf{x})$ と観測値 t との差が ϵ 未満のときは誤差 0 とする損失を考えている．SVM 分類器のときと同様に，スラック変数を導入することにより最適化がおこなえ，回帰に寄与するサポートベクトルと，それ以外のベクトルにわかれる．

演習問題

演習 7.1（カーネルトリックのパーセプトロンへの適用）　パーセプトロンの学習アルゴリズムでカーネルトリックを適用する.

(1) 初期値 $\mathbf{w}_0 = \mathbf{0}$ から出発するパーセプトロンの学習における重みの更新

$$\mathbf{w}^{(\tau+1)} = \mathbf{w}^{(\tau)} + \boldsymbol{\phi}(\mathbf{x}_n)t_n,$$

ただし，$t_n \in \{-1, 1\}$，をもちいて，学習後の重みベクトル $\mathbf{w}$ を，ベクトル $\boldsymbol{\phi}(\mathbf{x}_n)t_n$ の線形結合として表わせ.

(2) 1 で求めた $\boldsymbol{\phi}(\mathbf{x}_n)t_n$ の線形結合において，$\boldsymbol{\phi}(\mathbf{x}_n)t_n$ の係数はどのような意味をもつか.

(3) 予測式

$$y(\mathbf{x}) = s(\mathbf{w}^{\mathrm{T}}\boldsymbol{\phi}(\mathbf{x})),$$

ただし，$s(x)$ はステップ関数，の $\mathbf{w}$ に，1 で求めた式の右辺を代入し，カーネルトリックを適用せよ.

演習 7.2（カーネルトリックの最近傍法への適用）　ベクトル $\mathbf{x}$ と $\mathbf{x}'$ の距離としてユークリッド距離 $\|\mathbf{x} - \mathbf{x}'\|$ をもちいる最近傍法で，カーネルトリックを適用せよ.

演習 7.3（最適なカーネル関数）　カーネル関数の線形和により関数 $f(\mathbf{x})$ を回帰することを考える．カーネル関数として，$k(\mathbf{x}, \mathbf{x}') = f(\mathbf{x})f(\mathbf{x}')$ を選択すると，必ず $f(\mathbf{x})$ に比例する回帰関数を得ることができることを示せ．すなわち，$f(\mathbf{x})f(\mathbf{x}')$ は，関数 $f(\mathbf{x})$ をカーネル関数で線形回帰するうえで理想的なカーネル関数といえる.

演習 7.4（新たなカーネルの構築）　$\mathbf{x}$ を D 次元ベクトルとする．$k_1(\mathbf{x}, \mathbf{x}')$ と $k_2(\mathbf{x}, \mathbf{x}')$ がカーネル関数のとき，以下の関数がカーネル関数となることを示せ.

(1) $k(\mathbf{x}, \mathbf{x}') = c \cdot k_1(\mathbf{x}, \mathbf{x}')$,　$c > 0$ は任意の定数.
(2) $k(\mathbf{x}, \mathbf{x}') = k_1(\mathbf{x}, \mathbf{x}') + k_2(\mathbf{x}, \mathbf{x}')$.
(3) $k(\mathbf{x}, \mathbf{x}') = f(\mathbf{x})\, k_1(\mathbf{x}, \mathbf{x}')f(\mathbf{x}')$,　f は任意の関数.
(4) $k(\mathbf{x}, \mathbf{x}') = \exp(k_1(\mathbf{x}, \mathbf{x}'))$.

演習 7.5（ガウス過程回帰におけるデータの同時分布）　N 次元確率ベクトル $\mathbf{y}$ の分布を $p(\mathbf{y}) = \mathcal{N}(\mathbf{y}\,|\,\mathbf{0}, \mathbf{K})$ とし，$\mathbf{y}$ を前提とする N 次元確率ベクトル $\mathbf{t}$ の分布を $p(\mathbf{t}\,|\,\mathbf{y}) = \mathcal{N}(\mathbf{t}\,|\,\mathbf{y}, \beta^{-1}\mathbf{I}_N)$ としたとき，

$$p(\mathbf{t}) = \int p(\mathbf{t}\,|\,\mathbf{y})p(\mathbf{y})\,d\mathbf{y} = \mathcal{N}(\mathbf{t}\,|\,\mathbf{0}, \mathbf{C})$$

であることを示せ．ただし，$\mathbf{I}_N$ は $N \times N$ の単位行列で，$\mathbf{C} = \mathbf{K} + \beta^{-1}\mathbf{I}_N$ である.

演習 7.6（ガウス過程回帰の予測分布）　データを $\mathcal{D} = \{(\mathbf{x}_1, t_1), \ldots, (\mathbf{x}_N, t_N)\}$, $\mathbf{t}_N = (t_1 \cdots t_N)^{\mathrm{T}}$ とする．このデータに対し，$k(\cdot, \cdot)$ をカーネルとして固定し，$k(\cdot, \cdot)$ が定める平均がゼロのガウス過程 $y(\mathbf{x})$ をもちいた回帰モデル

$$t = y(\mathbf{x}) + \varepsilon, \quad y(\mathbf{x}) \in \mathcal{G}_{\mathcal{P}}, \quad \varepsilon \sim \mathcal{N}(0, \beta^{-1})$$

を考える．新たな入力 $\mathbf{x}_{N+1}$ に対し，$\mathbf{t}_{N+1} = (t_1 \cdots t_N \ t_{N+1})^{\mathrm{T}}$ の分布を $p(\mathbf{t}_{N+1} \,|\, \mathbf{x}_{N+1}) = \mathcal{N}(\mathbf{t}_{N+1} \,|\, \mathbf{0}, \mathbf{C}_{N+1})$ とする．ただし，$\mathbf{C}_{N+1}$ は，(n, m) 成分が

$$k(\mathbf{x}_n, \mathbf{x}_m) + \beta^{-1}\delta_{nm}$$

の $(N+1) \times (N+1)$ の行列である（δ_{nm} はクロネッカーのデルタ）．このとき，条件つき分布 $p(t_{N+1} \,|\, \mathbf{x}_{N+1}, \mathbf{t}_N)$ は以下のガウス分布になることを示せ．

$$\mathcal{N}(t_{N+1} \,|\, m(\mathbf{x}_{N+1}), \sigma^2(\mathbf{x}_{N+1})).$$

ただし，

$$m(\mathbf{x}_{N+1}) = \mathbf{k}^{\mathrm{T}}\mathbf{C}_N^{-1}\mathbf{t}, \quad \sigma^2(\mathbf{x}_{N+1}) = c - \mathbf{k}^{\mathrm{T}}\mathbf{C}_N^{-1}\mathbf{k},$$

$$\mathbf{C}_{N+1} = \begin{pmatrix} c & \mathbf{k}^{\mathrm{T}} \\ \mathbf{k} & \mathbf{C}_N \end{pmatrix}, \quad \mathbf{k} = \begin{pmatrix} k(\mathbf{x}_1, \mathbf{x}_{N+1}) \\ \vdots \\ k(\mathbf{x}_N, \mathbf{x}_{N+1}) \end{pmatrix}, \quad c = k(\mathbf{x}_{N+1}, \mathbf{x}_{N+1}) + \beta^{-1},$$

$\mathbf{C}_N$ は，(n, m) 成分が

$$k(\mathbf{x}_n, \mathbf{x}_m) + \beta^{-1}\delta_{nm}$$

の $N \times N$ の行列である．

演習 7.7（2 つのデータ点で定まる SVM） 固定された基底関数を $\boldsymbol{\phi}$ とする線形モデル

$$y(\mathbf{x}) = \mathbf{w}^{\mathrm{T}}\boldsymbol{\phi}(\mathbf{x}) + b$$

をもちいた 2 クラス分類を考える．学習データが，$(\mathbf{x}_1, 1)$, $(\mathbf{x}_2, -1)$ の 2 つの場合に，マージン最大化で定まる決定境界を求めよ．

演習 7.8（データに関する制約式：SVM） 固定された基底関数を $\boldsymbol{\phi}$ とする線形モデル

$$y(\mathbf{x}) = \mathbf{w}^{\mathrm{T}}\boldsymbol{\phi}(\mathbf{x}) + b$$

をもちいた 2 クラス分類を考える．学習データを $\mathcal{D} = \{(\mathbf{x}_1, t_1), \ldots, (\mathbf{x}_N, t_N)\}$, $t_n \in \{-1, 1\}$ とし，すべてのデータ点について，制約

$$t_n \cdot (\mathbf{w}^{\mathrm{T}}\boldsymbol{\phi}(\mathbf{x}_n) + b) \geq 1, \quad n = 1, \ldots, N \tag{7.4.12}$$

のもとでマージンを最大化して定まるパラメータ $\mathbf{w}$, b を決定境界とするのが SVM である．式 (7.4.12) の右辺の 1 を任意の $c > 0$ で置きかえても，マージン最大化で定まる決定境界は不変であることを示せ．

演習 7.9（マージンと双対問題の解：**SVM**）　固定された基底関数を $\boldsymbol{\phi}$ とする線形モデル

$$y(\mathbf{x}) = \mathbf{w}^{\mathrm{T}}\boldsymbol{\phi}(\mathbf{x}) + b$$

をもちいた 2 クラス分類を考える．学習データを $\mathcal{D} = \{(\mathbf{x}_1, t_1), \ldots, (\mathbf{x}_N, t_N)\}$, $t_n \in \{-1, 1\}$ とする．

(1) マージンの最大化で定まる決定境界（超平面）のパラメータを $\mathbf{w}$ とし，マージンを r としたとき，

$$\frac{1}{r^2} = \|\mathbf{w}\|^2$$

が成りたつことを示せ．

(2) 双対問題，すなわち，制約

$$a_n \geq 0, \quad n = 1, \ldots, N, \tag{7.4.18}$$

$$\sum_{n=1}^{N} a_n t_n = 0 \tag{7.4.19}$$

のもとでの

$$\tilde{L}(\mathbf{a}) = \sum_{n=1}^{N} a_n - \frac{1}{2}\sum_{n=1}^{N}\sum_{m=1}^{N} a_n a_m t_n t_m k(\mathbf{x}_n, \mathbf{x}_m) \tag{7.4.17}$$

の最大化で決まる a_n に対し，

$$\frac{1}{r^2} = \sum_{n=1}^{N} a_n$$

となることを示せ．

第8章　アンサンブル学習

8.1　はじめに

複数のモデルをなんらかの方法で組みあわせることで，一つひとつのモデルを独立に利用したときよりも，性能の改善が期待される．アンサンブル学習は，分類器や回帰のモデルを複数構築して，それらの出力の多数決や平均をとることによって推定精度をあげることをもくろむ学習手法である．とりわけ，複数構築されるモデルとしては，**弱学習器**とよばれる，それほど性能は高くないが，簡単に構築できるモデルが利用されることが多い．これまでにいくつもの手法が研究されてきたが，本書では，紙面の制約の都合上，バギングとランダムフォレストを簡単に紹介する．

バギングは，ブートストラップ法とよばれる手法によって，1つのデータ集合から複数のデータ集合を生成し，それぞれのデータ集合から複数のモデルを構築する単純なアンサンブル学習法である．

ランダムフォレストは，決定木を弱学習器とするアンサンブル学習である．決定木は，あらかじめ特徴抽出された多次元ベクトルを入力として仮定する．これは，ニューラルネットワークのいわば対極にあたり，決定木の弱点の1つといえる．また，学習で構築される木の構造が強く学習データに依存し，わずかなデータのちがいにより，構造のまったく異なる木が生成されてしまうという欠点がある．しかし，適切に抽出された特徴のもとでは，回帰と分類に対し高精度の性能を発揮し，また，回帰や分類の結果の意味づけがしやすいという長所ももつ．

8.2　バギング

8.2.1　ブートストラップ法

ブートストラップ法は，1つのデータ集合から，あたかも独立したようにみえる複数のデータ集合を作りだす手法である．まず，データ集合

$$\mathbf{X} = \{\mathbf{x}_1, \ldots, \mathbf{x}_N\}$$

から，ランダムに N 個を復元抽出[1)]することによって，新たなデータ集合 $\mathbf{X}_B$ をつくる．作りだされた集合 $\mathbf{X}_B$ には，$\mathbf{X}$ の要素で，複数回現われる要素もあれば，1回も現われない要素もある．この N 回の復元抽出によるデータ集合の構築を M 回繰りかえすことにより，M 個のデータ集合

$$\mathbf{X}_{B_1}, \ldots, \mathbf{X}_{B_M}$$

が得られる．

すぐあとで紹介するバギング以外にも，ブートストラップ法は，たとえば，得られた複数のデータ集合に対するモデル予測の変動をみることで，モデルパラメータの推定量の統計的な精度を評価することなどにもつかわれる．

8.2.2　バギング

バギングは，ブートストラップ集約ともよばれるように，ブートストラップ法により得られる複数のデータ集合のおのおのに対し，独立に予測モデルを構築し，新たなデータに対する予測として，それぞれの予測モデルの予測結果の平均をとる．より具体的には，たとえば，SVM なら SVM といった同一種の予測モデルを通常は採用し，ブートストラップ法により得られた M 個のデータ集合をつかって，M 個の予測モデル $y_m(\mathbf{x})$, $m = 1, \ldots, M$, を訓練し，新たな入力 $\mathbf{x}$ に対する予測を

1) 1つ取りだしては，それをもとにもどし，つぎの取りだしをおこなう抽出操作．

$$y(\mathbf{x}) = \frac{1}{M}\sum_{m=1}^{M} y_m(\mathbf{x})$$

とする．

8.3 ランダムフォレスト

8.3.1 決定木

決定木は，**CART**(classification and regression trees) モデルともよばれ，入力空間を再帰的に分割し，結果として得られる入力空間の各領域に局所的なモデルをつくることで定義される．以下で説明するように，全体的なモデルは，各領域に 1 つの葉をもつ木で表現することができる．決定木を理解するには例をみるのが早い．まず，分類の例をあげよう．温州ミカン，ネーブルオレンジ，ブンタン，グレープフルーツ，ハッサクの 5 種の柑橘類を，それぞれの色と大きさとで分類する決定木は，たとえば，図 8.1 のようになる．この木において，まず，根ノードでは色が黄色か否かを問う．黄色であれば左の枝にすすみ，黄色でなければ右の枝にすすむ．左の枝にすすんだ場合，さらに，直径が 110 mm 以上であればブンタン，そうでなければグレープフルーツとする．根ノードで右の枝にすすんだ場合，直径が 80 mm 以上か否かを問い，80 mm 以上ならば左の枝にいきハッサクとする．そうでなければ右の枝にすすむ．さらに直径が 50 mm 未満であれば左の枝にいき温州ミカンとし，そう

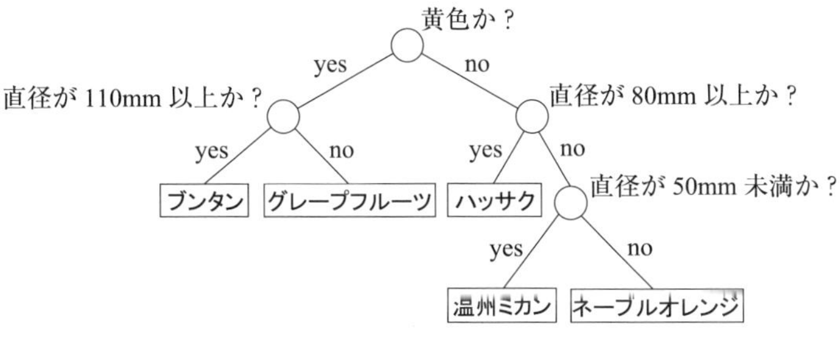

図 8.1 温州ミカン，ネーブルオレンジ，ブンタン，グレープフルーツ，ハッサクの 5 種の柑橘類を，それぞれの色と大きさとで分類する決定木．

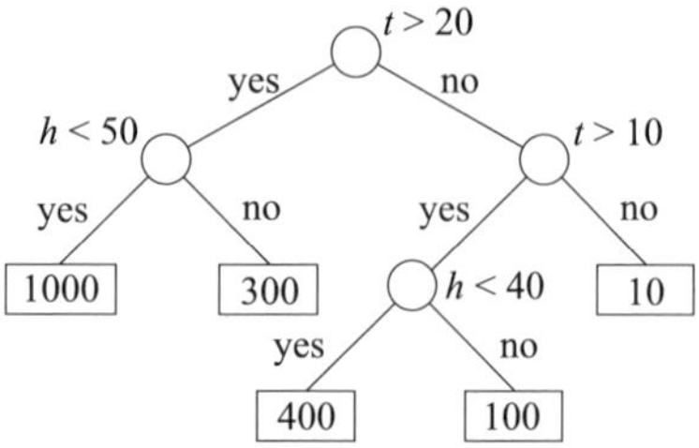

図 8.2　温度と湿度から1平方メートルあたりの花粉の量を回帰する仮想的な決定木.

でなければ右の枝でネーブルオレンジと結論する.

つぎに回帰の例をあげる．2月から3月にかけてはスギの花粉がよくとぶ．東京の花粉は，日光あたりのスギの花粉が風にのってやって来るものといわれている．温度が高ければスギは多くの花粉を放出し，湿度が低ければ風にのって遠くまで多くの花粉がはこばれると考え，温度と湿度におうじた東京都心の1平方メートルあたりの花粉の量を回帰する仮想的な決定木の1つが図8.2である．温度をtで，湿度をhで表わすと，まず，根ノードで，$t > 20$(°C) であれば左の枝にいき，$h < 50$(%) であれば左の枝にいき1000個と予測し，$h \geq 50$ であれば右の枝にいき300個と結論づける．根ノードで，$t \leq 20$ のときは，右の枝にいき，$t > 10$ におうじて左または右の枝にすすむ．左にすすんだときは$h < 40$ なら400，そうでないなら100とする．$t > 10$ が否であれば10とする.

■ 定義

入力が実数値である回帰木からはじめよう．回帰木は，2分木で表現される入れ子構造をもつ決定規則の集合であり，あたえられた入力に対して決定規則にしたがって値をかえす関数である．回帰木の入力は，各成分をなんらかの特徴量とするベクトル$\mathbf{x}$である．根ノードが表現する決定規則からはじめて，各ノードiでは，入力ベクトル$\mathbf{x}$の1つの成分（以下，特徴次元とよぶ）d_iがしきい値t_iと比較され，入力は，しきい値以上か否かにおうじて左枝または右枝にすすむ．木の葉では，モデルは入力空間のその部分に該当する入力

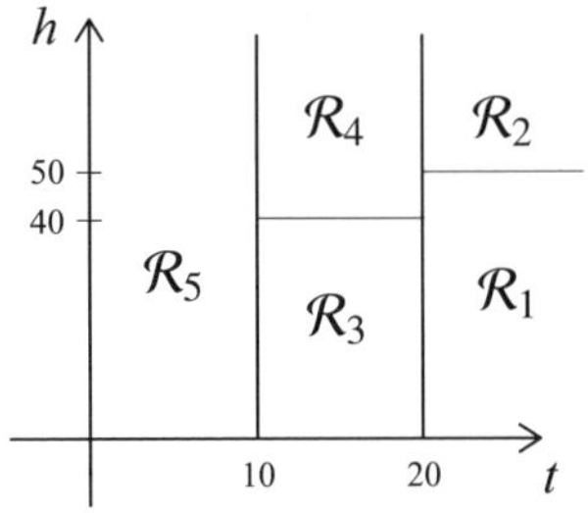

図 8.3　軸に平行に分割された領域．決定木の 1 枚の葉が 1 つの領域 $\mathcal{R}_i$ に対応する．

の予測を出力する．

さきの図 8.2 の回帰木を考えよう．最初のノードは，t がしきい値 $t_1 = 20$ より大きいかどうかを問う．大きければ，つづいて，h がしきい値 $h_1 = 50$ より小さいかどうかを問う．yes であれば，左下の葉ノードにいく．この葉ノードは，空間の領域

$$\mathcal{R}_1 = \{(t, h) \,|\, t > t_1,\ h < h_1\} \tag{8.3.1}$$

に対応し，この領域は，予測出力 $w_1 = 1000$ と関連づけられる．同様に，木のほかの葉もそれぞれ，軸に平行に分割された 1 つの領域 $\mathcal{R}_i$ に対応し，これらの領域一つひとつは出力 w_i と関連づけられる（図 8.3）．図 8.2 の例では，入力 $\mathbf{x}$ は，温度を表わす t と湿度を表わす h との 2 次元ベクトルである．入力 $\mathbf{x}$ に対する回帰木の出力（予測値）は

$$f(\mathbf{x}) = \sum_{j=1}^{J} w_j I(\mathbf{x} \in \mathcal{R}_j) \tag{8.3.2}$$

で定義される．ただし，$I(a)$ は，a が真であれば 1 を，偽であれば 0 をかえす指示関数である．また，J は木の葉ノードの数で，$\mathcal{R}_j$ は j 番めの葉ノードと関連づけられた領域，w_j はその領域に割りあてられた予測値である．一つひとつの領域は，特徴のしきい値に対する大小の不等式のリストで定まり，そのリスト中の各不等式は，根ノードから葉ノードへのパス上の各ノードにおいて選択される枝を決める．

図 8.2 の例では，式 (8.3.1) の $\mathcal{R}_1$ は

$$\langle (t > 20),\ (h < 50) \rangle$$

と表現される．ただし，$\langle\ \rangle$ はリストを表わす．集合ではなくリストであるのは，前のほうの不等式から順に適用されて領域が定まることを意図している．同様に，

$$\mathcal{R}_3 = \{(t,\, h) \,|\, 10 < t \leq 20,\ h < 40\}$$

は

$$\langle (t \leq 20),\ (t > 10),\ (h < 40) \rangle$$

である．ただし，入力の特徴次元が離散量をとる場合には，しきい値に対する大小ではなく，特定の値をとるか否かを判定条件とすることが多い．

分類木の場合は，葉ノードにはクラスラベルを対応させる．

■ 決定木の学習：定式化

あたえられたデータに対し決定木を構築しよう．データは，さきの柑橘類でいえば，たとえば，表 8.1 のようにあたえられる．このデータに対し，分類木をつくるためには以下の作業が必要である．すなわち，

(1) 葉ノード以外のノードについて，特徴次元の 1 つである色か直径のどちらかを選択し，さらに，そのしきい値を決める．
(2) 葉ノードには正解ラベルをふる．

同様に，回帰の場合のデータは，さきの花粉の例では，1 平方メートルあたりの花粉の数と，計測したときの温度および湿度との 3 つ組の複数からなる集合である．データに対して，回帰木をつくるためには，やはり，

(1) 葉ノード以外のノードについて，特徴次元の 1 つである温度か湿度のどちらかを選択し，さらに，そのしきい値を決め，
(2) 葉ノードには，1 平方メートルあたりの花粉の数をあたえなければなら

表 8.1 5 種の柑橘類の実測によって得られた色と大きさ．グレープフルーツは，個体によって，黄色もあれば橙色のものもあることに注意．また，ミカンとネーブルオレンジの大きさにはかぶりがある．同様に，ハッサクとグレープフルーツの大きさにもかぶりがある．入力 $\mathbf{x}$ は，色と直径の 2 次元である．

個体	色	直径 (mm)
ミカン	橙	40
ミカン	橙	55
ミカン	橙	60
ネーブルオレンジ	橙	55
ネーブルオレンジ	橙	68
ハッサク	橙	73
ハッサク	橙	95
グレープフルーツ	黄	93
グレープフルーツ	黄	105
グレープフルーツ	橙	100
ブンタン	黄	120
ブンタン	黄	115

ない．

以上をふまえて，決定木の学習を定式化しよう．まず，つぎのことを注意しておく．すなわち，式 (8.3.2) において，パラメータは w_j, $\mathcal{R}_j$, $j = 1, \ldots, J$, であり，これらを定めれば，任意の入力 $\mathbf{x}$ に対して出力値が決まる．つまり，葉ノードに対応する領域 $\mathcal{R}_j$ を定める不等式のリストと，その領域に対する出力 w_j を定めれば決定木は完全に決まる．リストの要素である不等式は，特徴次元 d と，しきい値 t の組 (d, t) で表現されるので[2)]，j 番めの領域を定める組 (d, t) のリストと，出力 w_j をすべて決めれば決定木が定まる．よって，あたえられたデータに対して，j 番めの領域を定める (d, t) のリストと w_j を決めることが決定木の学習である．

決定木の学習においても，誤差関数を最小にする枠組みがとられる．すなわち，データ $\mathcal{D} = \{(\mathbf{x}_1, y_1), \ldots, (\mathbf{x}_N, y_N)\}$ に対して，回帰であれば，以下の

2) たとえば，$10 < t \leq 20$ は，$(t, 20)$ と $(t, 10)$ の順に順序づけられた 2 つの組で表現される．

誤差関数を最小にする j 番めの領域を定める (d, t) のリストと w_j を求める[3)].

$$E(\boldsymbol{\theta}) = \sum_{n=1}^{N} \{y_n - f(\mathbf{x}_n; \boldsymbol{\theta})\}^2 = \sum_{j=1}^{J} \sum_{\mathbf{x}_n \in \mathcal{R}_j} \{y_n - f(\mathbf{x}_n; \boldsymbol{\theta})\}^2, \qquad (8.3.3)$$

ただし，$\boldsymbol{\theta}$ は，j 番めの領域を定める (d, t) のリストと w_j のすべての集合である．また，f は，式 (8.3.2) の回帰の予測式であり，ここでは $\boldsymbol{\theta}$ に依存することを明示した．分類では，上の式 (8.3.3) の 2 乗和誤差を誤分類誤差に置きかえる．第I部の第 1 章で詳述したように，誤分類誤差は，期待 0-1 損失の近似である経験期待 0-1 損失の N 倍（N はデータ数）であり，具体的には誤分類したデータの数である．

誤差関数 (8.3.3) は，残念ながらパラメータに関して微分できない．そのため，式 (8.3.3) を最小にするパラメータを決定するのに勾配降下法などはつかえず，総当たり的な解の探索をおこなう必要がある．一般に，これは組みあわせ爆発を起こすので，実際には最適解を得ることは困難である．そのため，近似解を得るように，ノードをつけたすことを繰りかえして木を成長させていく．

■ 決定木の学習：実現

具体的には以下のように木をつくっていく．

(1) 根ノード（ノード 0）からはじめる．根ノードには，すべてのデータ $\mathcal{D}_0 = \{(\mathbf{x}_1, y_1), \ldots, (\mathbf{x}_N, y_N)\}$ を対応させる．

(2) つぎに，根ノードの子としてノード 1 とノード 2 をつくり，さらに，あとでのべる規則によって選択した特徴次元 j_0 と，特徴量 x_{j_0} のしきい値 t_0 とにより，$\mathcal{D}_0$ を

---

3) 葉ノードの数 J も決めるべきパラメータと思うかもしれない．式 (8.3.3) を最小とする $\boldsymbol{\theta}$ で決まる木を考えれば，その木の葉の数 J は当然決まっている．つまり，パラメータ $\boldsymbol{\theta}$ の決定には J の決定もふくまれているのである．ただし，このようにして求めた木では一般に過学習が起きてしまうので，後述するように枝刈りをおこなう．

$$\mathcal{D}_0^L(j_0, t_0) = \{(\mathbf{x}, y) \in \mathcal{D}_0 \mid x_{j_0} \le t_0\},$$
$$\mathcal{D}_0^R(j_0, t_0) = \{(\mathbf{x}, y) \in \mathcal{D}_0 \mid x_{j_0} > t_0\}$$

の 2 つに分割し，ノード 1 には $\mathcal{D}_0^L(j_0, t_0)$ を，ノード 2 には $\mathcal{D}_0^R(j_0, t_0)$ を対応させ，それぞれを $\mathcal{D}_1, \mathcal{D}_2$ とする．

(3) 同様の操作を繰りかえして，成長途中の木の葉ノード i に対応するデータを $\mathcal{D}_i$ としよう．ノード i の子として新たなノードを 2 つ作成し，特徴次元 j_i と，特徴 x_{j_i} のしきい値 t_i とにより，$\mathcal{D}_i$ を

$$\mathcal{D}_i^L(j_i, t_i) = \{(\mathbf{x}, y) \in \mathcal{D}_i \mid x_{j_i} \le t_i\},$$
$$\mathcal{D}_i^R(j_i, t_i) = \{(\mathbf{x}, y) \in \mathcal{D}_i \mid x_{j_i} > t_i\}$$

の 2 つに分割し，$\mathcal{D}_i^L(j_i, t_i)$ をノード i の左の子に対応させ，$\mathcal{D}_i^R(j_i, t_i)$ を右の子に対応させる．

(4) すべての葉ノードの出力が変化しなくなるまで (3) を繰りかえす．

問題となるのは，各繰りかえしのステップにおける，$\mathcal{D}_i$ の分割における特徴次元 j_i の選択と，しきい値 t_i の設定である．そのため，以下のように，分割後のデータ集合に対し，誤差や誤分類率といったコストを導入し，平均のコストが最小となるように，特徴次元とそのしきい値とを選択する．すなわち，

$$(j_i, t_i) = \mathop{\arg\min}_{j \in \{1,\ldots,D\}} \min_{t \in \mathcal{T}_j} \left\{ \frac{|\mathcal{D}_i^L(j,t)|}{|\mathcal{D}_i|} \mathrm{cost}(\mathcal{D}_i^L(j,t)) + \frac{|\mathcal{D}_i^R(j,t)|}{|\mathcal{D}_i|} \mathrm{cost}(\mathcal{D}_i^R(j,t)) \right\}, \tag{8.3.4}$$

ただし，D は入力ベクトルの次元（特徴量数）で，$\mathcal{T}_j$ は，特徴次元 j の特徴量がしきい値としてとりうる値の集合である．また，$|A|$ は集合 A の要素数を，$\arg\min_j \min_t f(j, t)$ は $f(j, t)$ を最小にする j と t の組を表わす．データ集合 $\mathcal{D}_i$ に対するコスト $\mathrm{cost}(\mathcal{D}_i)$ としては以下の関数があげられる．

まず，回帰に対しては，平均 2 乗誤差

$$E_{ms}(\mathcal{D}_i) = \frac{1}{|\mathcal{D}_i|} \sum_{(\mathbf{x},\, y) \in \mathcal{D}_i} (y - \bar{y})^2 \tag{8.3.5}$$

がよくもちいられる．ただし，$\bar{y} = \frac{1}{|\mathcal{D}_i|} \sum_{(\mathbf{x},\, y) \in \mathcal{D}_i} y_n$ は，ノード i に割りあてられたデータの目標変数値の平均である．

分類に対しては，さまざまなコストが提案されている．そのうちで最もよく利用されているジニ係数とエントロピー関数の2つを紹介しよう．どちらのコストも，ノード i に対するクラスラベル上の分布

$$\hat{\pi}_{ic} = \frac{1}{|\mathcal{D}_i|} \sum_{(\mathbf{x},\, y) \in \mathcal{D}_i} I(y = c) \tag{8.3.6}$$

をもちいる．ここで $I(a)$ は，a が真であれば1を，偽であれば0をかえす指示関数である．クラス数を C とすると，ノード i に対し $\sum_{c=1}^{C} \hat{\pi}_{ic} = 1$ が成りたつ．なお，この分布 (8.3.6) は，新たな入力がクラス c に属する確率の推定に利用されることを注意しておこう．

まず，ジニ係数 (Gini index) は，

$$G_i(\mathcal{D}_i) = \sum_{c=1}^{C} \hat{\pi}_{ic}(1 - \hat{\pi}_{ic}) = 1 - \sum_{c=1}^{C} \hat{\pi}_{ic}^2 \tag{8.3.7}$$

で定義されるコストであり，平均の誤分類率である．それは，$\hat{\pi}_{ic}$ は，$\mathcal{D}_i$ の1つのデータが，クラス c にランダムに割りあてられる確率であり，$1 - \hat{\pi}_{ic}$ は，そのランダムに割りあてられたデータが誤分類される確率ということからわかる．ジニ係数は，$\hat{\pi}_{ic} = 1/2$ のときに最大値をとり，$\hat{\pi}_{ic} = 0$ と $\hat{\pi}_{ic} = 1$ において値は最小の0となる．

エントロピー関数は，クラスラベル上の分布に対するエントロピーとして，葉ノード i ごとに

$$H_i(\mathcal{D}_i) = -\sum_{c=1}^{C} \hat{\pi}_{ic} \ln \hat{\pi}_{ic} \tag{8.3.8}$$

と定義される．エントロピーは，直感的には，かたよりのない均一な状態ほ

ど大きな値をとる．具体的には，エントロピーは，とる状態を確率変数で表現し，その分布をもちいて定義され，分布が等確率のときに最大になり，1つの点に確率が集中するほど小さい値をとる．すなわち，ジニ係数と同様に，エントロピー関数も，$\hat{\pi}_{ic} = 1/2$ のときに最大値をとり，$\hat{\pi}_{ic} = 0$ と $\hat{\pi}_{ic} = 1$ において最小値 0 をとる．

また，エントロピー関数 (8.3.8) 中の対数に着目して，$-\ln x = -\ln(1 + (-1 + x)) \approx 1 - x$ と近似すると，ジニ係数 (8.3.7) は，エントロピー関数 (8.3.8) の近似であることがわかる．これらのことから，ジニ係数あるいはエントロピー関数を最小化すると，1つのクラスのデータが高い比率で割りあてられるように葉ノードが形成されることがわかる．

さて，根ノードからはじめて，式 (8.3.4) にしたがって木を構築していき，すべての葉ノードの出力が変化しなくなるまで木を成長させると，学習データをこまかくわけすぎて過学習が起きた決定木となる．すなわち，新たなデータに対しての回帰性能あるいは分類性能がわるくなる．過学習を回避するために，通常，枝刈りをおこなう．**枝刈り**とは，共通の親ノードをもつ2つの葉ノードを切りおとして，親ノードを葉ノードとする操作である．そのとき，切りおとされた葉ノードに対応づけられていた学習データはマージして親ノードに対応させる．回帰では，式 (8.3.5) に正則化項をくわえた

$$E_{msr}(\mathcal{D}_i) = \frac{1}{|\mathcal{D}_i|} \sum_{(\mathbf{x},\, y) \in \mathcal{D}_i} (y - \bar{y})^2 + \lambda \cdot |T| \tag{8.3.9}$$

を評価指標とし，枝刈り後の指標値が，枝刈り前の指標値よりも低くなるまで枝刈りをおこなう．ここで，$|T|$ は葉ノードの数で，λ は正則化定数である．ただし，通常は，λ を決めるために交差確認をおこなう必要がある．また，分類では，枝刈り後の誤分類率が，枝刈り前の誤分類率よりも低くなるまで枝刈りをおこなう．

8.3.2 ランダムフォレスト

アンサンブル学習とよばれる学習方式では，分類性能はそれほど高くないが，学習は容易な複数の学習器（**弱学習器**）をもちいて，たとえば，それらの

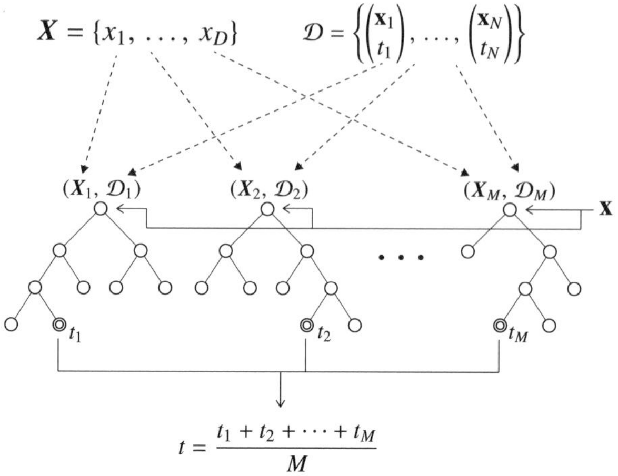

図 **8.4**　ランダムフォレスト．入力ベクトル $\mathbf{x}$ を構成する全特徴量からいくつかの特徴量をランダムに選択し，また，学習データ集合から部分データ集合をランダムに選択して学習した決定木を弱学習器とする．新たな入力に対して，回帰であれば，学習でつくった複数の決定木をもちいてそれぞれの結果を算出し，それらの結果の平均をとって出力とする．分類であれば，それぞれの決定木における新たな入力のクラスの確率分布を平均し，それをクラスの確率分布として出力する．

学習器の出力結果に対し，多数決をとったり，平均をとるなどして分類や回帰の出力を算出する．**ランダムフォレスト**は，弱学習器として決定木をもちいるアンサンブル学習である．

具体的にのべよう．ランダムフォレストは，入力ベクトル $\mathbf{x}$ を構成する全特徴量からいくつかの特徴量をランダムに選択し，また，学習データ集合から部分データ集合をランダムに選択して学習した決定木を弱学習器とする（図 8.4）．ランダムフォレストの学習では，特徴量と学習データの部分ランダム選択による決定木構築を複数回おこない，複数の決定木を用意する．ランダムフォレストは，新たな入力に対して，回帰であれば，学習でつくった複数の決定木をもちいてそれぞれの結果を算出し，それらの結果の平均をとって出力とする．分類であれば，それぞれの決定木における新たな入力のクラスの確率分布を平均し，それをクラスの確率分布として出力する．

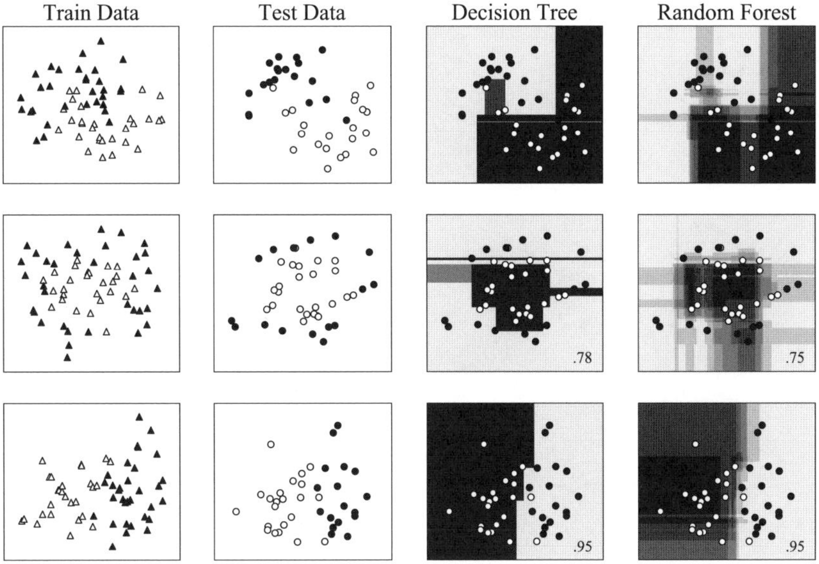

図 8.5 3 種類（上段・中段・下段）の 2 クラス 2 次元人工データに対するランダムフォレストのクラス確率分布と決定境界．見やすさのため，点の白黒に対する確率分布の濃淡は反転させている．左はしは学習データで，左から 2 番めがテストデータ．右はしが，ランダムフォレストによるクラス確率分布である．右から 2 番めは 1 つの決定木による決定境界を示す．Scikit-learn の例プログラムを改変して作成．ランダムフォレストは，scikit-learn 1.01 の RandomForestClassifier（弱学習器数 30）により，決定木は，scikit-learn 1.01 の DecisionTreeClassifier による．

図 8.5 は，2 クラス 2 次元人工データ（3 種類）に対し，ランダムフォレストにより分類したときのクラス確率分布と決定境界を示す．クラス確率分布は濃淡で示され，中央の 2 つの領域の境界が決定境界である．同図には，同じデータに対する 1 つの決定木による決定境界も示してある．

また，比較のため，図 8.6 に，図 8.5 と同じ 2 クラス 2 次元人工データをもちいて，k 近傍法と SVM，さらにニューラルネットワークにより分類したときのクラス確率分布と決定境界を示す．濃淡で示された確率分布の中央の 2 つの領域の境界が決定境界である．

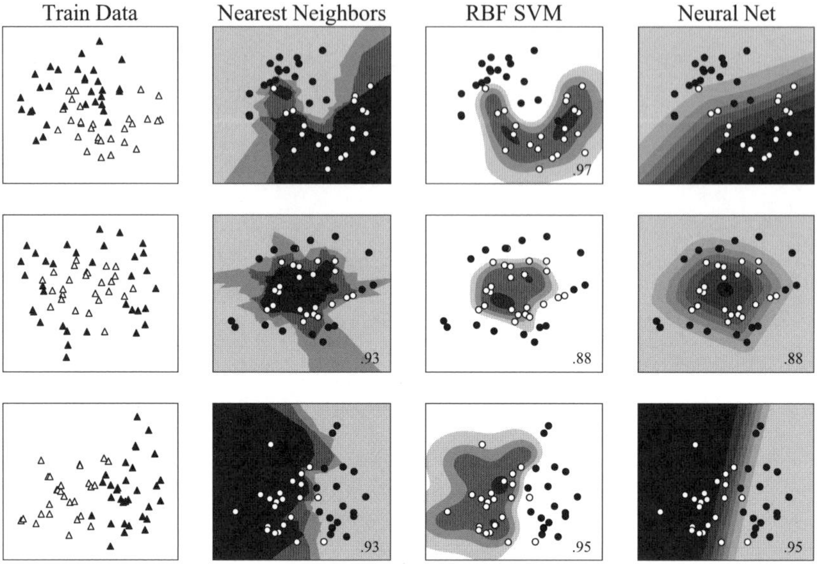

図 8.6　図 8.5 と同じ 2 クラス 2 次元人工データをもちいたときの，k 近傍法，SVM，3 層パーセプトロンによるクラス確率分布と決定境界．見やすさのため，点の白黒に対する確率分布の濃淡は反転させている．左から，学習データ，k 近傍法，SVM，3 層パーセプトロンによるクラス確率分布．Scikit-learn の例プログラムを改変して作成．k 近傍法は，$k = 3$ として scikit-learn 1.01 の KNeighborsClassifier をもちいた．SVM は，スケールパラメータ γ が 2 のガウスカーネル，正則化パラメータ C を 1 とした scikit-learn 1.01 の SVC による．3 層パーセプトロンは，中間層のユニット数を 100 とし，中間層の活性化関数を ReLU 関数とした，正則化パラメータ 1 の 2 乗和正則化項つき誤差関数を最小化する scikit-learn 1.01 の MLPClassifier で学習．

8.4　アンサンブル学習の期待損失

訓練により得られた M 個の予測モデルを $y_m(\mathbf{x})$, $m = 1, \ldots, M$, とし，新たな入力 $\mathbf{x}$ に対するそれらの予測の平均を

$$y(\mathbf{x}) = \frac{1}{M}\sum_{m=1}^{M} y_m(\mathbf{x}) \tag{8.4.1}$$

とする．以下，この平均を，モデル予測のアンサンブル平均とよぶ．真の回

帰関数を $h(\mathbf{x})$ とし，$\mathbf{x}$ に対するそれぞれのモデル出力を，$h(\mathbf{x})$ に誤差 $\varepsilon_m(\mathbf{x})$ をくわえた式

$$y_m(\mathbf{x}) = h(\mathbf{x}) + \varepsilon_m(\mathbf{x})$$

で表現されるとしよう．このとき，1 つのモデルの予測 $y_m(\mathbf{x})$ の $\mathbf{x}$ の分布に関する期待 2 乗誤差損失は，

$$\mathbb{E}_{\mathbf{x}}[\{y_m(\mathbf{x}) - h(\mathbf{x})\}^2] = \mathbb{E}_{\mathbf{x}}[(\varepsilon_m(\mathbf{x}))^2]$$

である．それゆえ，一つひとつのモデルの予測につき，それらの期待 2 乗誤差損失の平均は

$$L_{\mathrm{ind}} = \frac{1}{M}\sum_{m=1}^{M}\mathbb{E}_{\mathbf{x}}[(\varepsilon_m(\mathbf{x}))^2] \tag{8.4.2}$$

となる．また，モデル予測のアンサンブル平均 (8.4.1) の期待 2 乗誤差損失は

$$L_{\mathrm{ens}} = \mathbb{E}_{\mathbf{x}}\left[\left\{\frac{1}{M}\sum_{m=1}^{M}y_m(\mathbf{x}) - h(\mathbf{x})\right\}^2\right] = \mathbb{E}_{\mathbf{x}}\left[\left\{\frac{1}{M}\sum_{m=1}^{M}\varepsilon_m(\mathbf{x})\right\}^2\right] \tag{8.4.3}$$

となる．

ここで，誤差 $\varepsilon_m(\mathbf{x})$ の期待値は 0 で，かつ無相関，すなわち，

$$\mathbb{E}_{\mathbf{x}}[\varepsilon_m(\mathbf{x})] = 0, \tag{8.4.4}$$

$$\mathbb{E}_{\mathbf{x}}[\varepsilon_m(\mathbf{x})\varepsilon_l(\mathbf{x})] = 0, \quad m \neq l \tag{8.4.5}$$

と仮定しよう．すると，式 (8.4.3) から出発し，(8.4.2) と (8.4.5) をもちいると

$$\begin{aligned}
L_{\mathrm{ens}} &= \mathbb{E}_{\mathbf{x}}\left[\left\{\frac{1}{M}\sum_{m=1}^{M}\varepsilon_m(\mathbf{x})\right\}^2\right] = \frac{1}{M^2}\mathbb{E}_{\mathbf{x}}\left[\left\{\sum_{m=1}^{M}\varepsilon_m(\mathbf{x})\right\}^2\right] \\
&= \frac{1}{M^2}\sum_{m=1}^{M}\sum_{l=1}^{M}\mathbb{E}_{\mathbf{x}}[\varepsilon_m(\mathbf{x})\varepsilon_l(\mathbf{x})] = \frac{1}{M^2}\sum_{m=1}^{M}\mathbb{E}_{\mathbf{x}}[(\varepsilon_m(\mathbf{x}))^2] \\
&= \frac{1}{M}L_{\mathrm{ind}}
\end{aligned}$$

を得る．これは，予測のアンサンブル平均，すなわち，M 個の異なるモデルの予測を単純に平均すると，一つひとつのモデルの予測の平均期待2乗誤差損失が $1/M$ になることを示している．しかし，この結果は，誤差 $\varepsilon_m(\mathbf{x})$ が無相関であるという強い仮定に依存している．通常は，モデル間の誤差には高い相関があるため，このような損失の劇的な低減効果は得られない．ただし，$L_{\mathrm{ens}} < L_{\mathrm{ind}}$ であることを示すことができる（演習8.2）．

演習問題

演習 8.1（決定木）　クラス $\mathcal{C}_1$ に属する80個のデータと，クラス $\mathcal{C}_2$ に属する80個のデータの合計で160個のデータからなるデータ集合があるとする．このデータ集合に対し，2回学習をおこない，根ノードと2つの葉ノードをもつ決定木 T_A と T_B を得たとする．決定木 T_A の葉ノード1には，ラベル $\mathcal{C}_1$ がふられ，また学習データ (60, 20) が割りあてられ，葉ノード2には，ラベル $\mathcal{C}_2$ がふられ，学習データ (20, 60) が割りあてられたとする．ただし，(m, n) は，全学習データのうち，m 個がクラス $\mathcal{C}_1$ に，n 個がクラス $\mathcal{C}_2$ に割りあてられたことを表わす．また，T_B の葉ノード1には，ラベル $\mathcal{C}_1$ がふられ，また学習データ (80, 40) が割りあてられ，葉ノード2には，ラベル $\mathcal{C}_2$ がふられ，学習データ (0, 40) が割りあてられたとする．

(1) 決定木 T_A と T_B のそれぞれの誤分類率を求め，それらが等しいことを示せ．

(2) 分類での枝刈りには，通常，誤分類率がつかわれる．誤分類率にかわって，正則化項つき誤差関数

$$E_r(\mathcal{D}_i) = \frac{1}{|\mathcal{D}_i|} \sum_{(\mathbf{x},\, y) \in \mathcal{D}_i} E(\mathcal{D}_i) + \lambda \cdot |T|, \quad i = 1,\, 2$$

をもちいたとき，$E_r(\mathcal{D}_i)$ の値は，$E(\mathcal{D}_i)$ として，ジニ係数あるいはエントロピー関数を採用した場合，どちらの場合も，決定木 T_A に対する値が T_B に対する値よりも大きくなることを示せ．ただし，$|T|$ は葉ノードの数で，$\mathcal{D}_i$ は，葉ノード i に割りあてられたデータの集合である．また，正則化定数 λ は，ただ1つに定まっているとする．

演習 8.2（アンサンブル学習の期待損失）　アンサンブル学習において，一つひとつのモデルの予測に対する期待2乗誤差損失の平均

$$L_{\mathrm{ind}} = \frac{1}{M} \sum_{m=1}^{M} \mathbb{E}_{\mathbf{x}}[(\varepsilon_m(\mathbf{x}))^2] \tag{8.4.2}$$

と，モデル予測のアンサンブル平均の期待2乗誤差損失

$$L_{\mathrm{ens}} = \mathbb{E}_{\mathbf{x}}\left[\left\{\frac{1}{M}\sum_{m=1}^{M} y_m(\mathbf{x}) - h(\mathbf{x})\right\}^2\right] = \mathbb{E}_{\mathbf{x}}\left[\left\{\frac{1}{M}\sum_{m=1}^{M} \varepsilon_m(\mathbf{x})\right\}^2\right] \tag{8.4.3}$$

の間に，$L_{\mathrm{ens}} < L_{\mathrm{ind}}$ が成りたつことを示せ．以下のイェンセンの不等式をもちいるとよい．

$$f\left(\sum_{i=1}^{M} \lambda_i \mathbf{x}_i\right) \leq \sum_{i=1}^{M} \lambda_i f(\mathbf{x}_i), \tag{9.3.3}$$

ただし，$\sum_{i=1}^{M} \lambda_i = 1$．なお，イェンセンの不等式については，第 IV 部の 9.3 節を参照．

第 IV 部
潜在モデル

第9章　次元圧縮

9.1　はじめに

第I部の1.2.1項で紹介した最初の例にもどろう．理想的な線形関係にある2つの量 x, y（図1.1a参照）に対し，座標軸を回転させてデータがのっている直線を新たな x 軸とすれば，データはすべて1つの座標値だけで表現できる．すなわち，この場合は，実質的には1次元のデータとみることができる．観測値にノイズがのっているとき（図1.1b参照）でも，ノイズをわずかな誤差として無視すれば，たとえば最小2乗法で定めた直線を新たな x 軸として採用すれば，やはりデータは1つの座標値だけで表わされる．この単純な例では，2次元ベクトル表現を1次元ベクトル（スカラー）表現に**次元圧縮**している．

次元圧縮は，機械学習の分野では**教師なし学習**の1つと位置づけられ，多次元の量の成分間にある相関をとらえて，できるだけ相関をもたない，より低次元の量に変換する手法である．データを「むだのない」低次元空間で表現することによって，保存するデータ量を減らすことができ，また，2次元あるいは3次元で表現すればデータの可視化がおこなえる．本章では，圧縮されたデータを表現する潜在空間とその空間上の潜在ベクトルを導入し，データの生成モデル的観点から，線形な次元圧縮の代表例として主成分分析を解説し，非線形な圧縮手法の1つとしてt-SNEを紹介する．

9.2 主成分分析

主成分分析は，多次元の量の成分間にある相関をとらえて，できるだけ相関をもたない，より低次元の量に線形変換する手法である．主成分分析は，英語で principal component analysis といい，その頭文字をとって **PCA** と略記されることが多い．もともとは，データ点の分散が最も大きくなる方向を定める問題として（潜在ベクトルをもちいることなく）PCA は定式化された．ここでは，データが表現される空間よりも低次元の空間（潜在空間）を仮定し，潜在ベクトルを導入して主成分分析を定式化する．データを潜在空間で表現することにより，次元圧縮の意味がより鮮明になり，また，潜在空間を導入したモデルの見本の提示にもなる．

まず，PCA でもちいる行列の固有値と固有ベクトルについて簡単にまとめよう．

◆ 固有値問題の要点

本項では，とりわけ，実対称行列（成分がすべて実数の対称行列）の固有値問題をおさらいする．以下であつかう行列の成分は，すべて実数とする．$D \times D$ の正方行列 $\mathbf{A}$（対称行列とはかぎらない）に対し，

$$\mathbf{A}\mathbf{u}_i = \lambda_i \mathbf{u}_i, \quad i = 1, \ldots, D \tag{9.2.1}$$

をみたす λ_i を $\mathbf{A}$ の**固有値**といい，D 次元ベクトル $\mathbf{u}_i$ を λ_i に属する（あるいは対応する）**固有ベクトル**という．ただし，固有ベクトルはゼロベクトルではないとする（固有値は 0 もありえる）．式 (9.2.1) は，$(\mathbf{A} - \lambda_i \mathbf{I})\mathbf{u}_i = \mathbf{0}$ と変形でき，λ_i が定まったもとでは，これは $\mathbf{u}_i$ の成分を未知数とする D 個の連立一次方程式としてみることができる．

一般に，同次方程式（あるいは斉次方程式）とよばれる $\mathbf{A}\mathbf{x} = \mathbf{0}$ が，自明な解 $\mathbf{x} = \mathbf{0}$ 以外の解をもつための必要十分条件は，$\mathbf{A}$ の行列式 $|\mathbf{A}|$ が 0 となることである[1)]．よって，式 (9.2.1) を満足する $\mathbf{u}_i$ が存在するための条件は，

$$|\mathbf{A} - \lambda_i \mathbf{I}| = 0 \tag{9.2.2}$$

を λ_i がみたすことである．この式 (9.2.2) は，$\mathbf{A}$ の**固有方程式**といわれ，λ_i についての D 次元方程式であるから，重根の重複度をこめて複素数の範囲で D 個の解をもつ．

以下では，対称行列，$\mathbf{A}^{\mathrm{T}} = \mathbf{A}$，に話を限定する．対称行列の逆行列は対称行列であ

---

1) $|\mathbf{A}| \neq 0$ であれば，$\mathbf{A}$ は正則であり逆行列が存在するので，$\mathbf{A}\mathbf{x} = \mathbf{0}$ の両辺に左から $\mathbf{A}^{-1}$ をかければ自明な解となってしまう．

ることをまず注意しておこう．これは，$\mathbf{A}^{-1}\mathbf{A} = \mathbf{I}$ の両辺の転置をとって，$(\mathbf{AB})^{\mathrm{T}} = \mathbf{B}^{\mathrm{T}}\mathbf{A}^{\mathrm{T}}$ と $\mathbf{A}^{\mathrm{T}} = \mathbf{A}$ とをつかえば $\mathbf{AA}^{-1} = \mathbf{I}$ となり，さらに，$\mathbf{I}$ の対称性からわかる．

一般の行列の固有値は複素数であるのに対し，実対称行列の固有値 λ_i は実数である．これを示すために，成分が複素数であるベクトル $\mathbf{u}_i$ に対し，すべての成分の複素共役をとったベクトルを $\mathbf{u}_i^\star$ としよう．すると，まず，式 (9.2.1) の両辺に左から $(\mathbf{u}_i^\star)^{\mathrm{T}}$ をかけ

$$(\mathbf{u}_i^\star)^{\mathrm{T}}\mathbf{A}\mathbf{u}_i = \lambda_i(\mathbf{u}_i^\star)^{\mathrm{T}}\mathbf{u}_i \tag{9.2.3}$$

を得る．つぎに，式 (9.2.2) の複素共役をとり，その両辺に左から $\mathbf{u}_i^{\mathrm{T}}$ をかけ，$\mathbf{A}$ は成分がすべて実数なので $\mathbf{A}^\star = \mathbf{A}$ であることをもちいると

$$\mathbf{u}_i^{\mathrm{T}}\mathbf{A}\mathbf{u}_i^\star = \lambda_i^\star\mathbf{u}_i^{\mathrm{T}}\mathbf{u}_i^\star \tag{9.2.4}$$

となる．ここで，$\lambda_i^\star$ は λ_i の共役複素数である．また，式 (9.2.4) の両辺の転置をとり，$\mathbf{A}^{\mathrm{T}} = \mathbf{A}$ であることをもちいると，式 (9.2.3) と (9.2.4) の左辺が等しいことがわかる．したがって，$\lambda_i^\star = \lambda_i$ となり，これは λ_i が実数であることを示す．

実対称行列の固有ベクトル $\mathbf{u}_i$ は，正規直交系をなす，すなわち，

$$\mathbf{u}_i^{\mathrm{T}}\mathbf{u}_j = I_{ij}, \quad i, j = 1, \ldots, D \tag{9.2.5}$$

をみたすように選ぶことができることを示そう．ただし，I_{ij} は単位行列 $\mathbf{I}$ の成分である．簡単のため，固有値はすべて異なるとする．まず，式 (9.2.1) の両辺に左から $\mathbf{u}_j^{\mathrm{T}}$ をかけ

$$\mathbf{u}_j^{\mathrm{T}}\mathbf{A}\mathbf{u}_i = \lambda_i\mathbf{u}_j^{\mathrm{T}}\mathbf{u}_i$$

として，添字を入れかえ

$$\mathbf{u}_i^{\mathrm{T}}\mathbf{A}\mathbf{u}_j = \lambda_j\mathbf{u}_i^{\mathrm{T}}\mathbf{u}_j$$

となる．この式の転置をとり，対称性 $\mathbf{A}^{\mathrm{T}} = \mathbf{A}$ をもちい，さらに，添字を入れかえる前の式との差をとると，

$$(\lambda_i - \lambda_j)\mathbf{u}_i^{\mathrm{T}}\mathbf{u}_j = 0$$

となる．したがって，$\lambda_i \neq \lambda_j$ に対し，$\mathbf{u}_i^{\mathrm{T}}\mathbf{u}_j = 0$ であるから，$\mathbf{u}_i$ と $\mathbf{u}_j$ は直交することがわかる．さらに，正規化して各 λ_i を大きさ1のベクトルとすることができる．固有値は D 個あるから，対応する D 個の直交する固有ベクトルがなす集合は，完全であり，任意の D 次元ベクトルを，固有ベクトルの線形結合で表わすことができる．

固有ベクトル $\mathbf{u}_1, \ldots, \mathbf{u}_D$ を列にならべた $D \times D$ の行列を $\mathbf{U} = (\mathbf{u}_1 \ \cdots \ \mathbf{u}_D)$ とする．行列 $\mathbf{U}$ の転置 $\mathbf{U}^{\mathrm{T}} = \begin{pmatrix} \mathbf{u}_1^{\mathrm{T}} \\ \vdots \\ \mathbf{u}_D^{\mathrm{T}} \end{pmatrix}$ と $\mathbf{U}$ の積を考えると，正規直交性により，

$$\begin{pmatrix} \mathbf{u}_1^{\mathrm{T}} \\ \vdots \\ \mathbf{u}_D^{\mathrm{T}} \end{pmatrix} \begin{pmatrix} \mathbf{u}_1 & \cdots & \mathbf{u}_D \end{pmatrix} = \begin{pmatrix} \mathbf{u}_1^{\mathrm{T}}\mathbf{u}_1 & \mathbf{u}_1^{\mathrm{T}}\mathbf{u}_2 & \cdots & \mathbf{u}_1^{\mathrm{T}}\mathbf{u}_D \\ \mathbf{u}_2^{\mathrm{T}}\mathbf{u}_1 & \mathbf{u}_2^{\mathrm{T}}\mathbf{u}_2 & \cdots & \mathbf{u}_2^{\mathrm{T}}\mathbf{u}_D \\ \vdots & \vdots & \ddots & \vdots \\ \mathbf{u}_D^{\mathrm{T}}\mathbf{u}_1 & \mathbf{u}_D^{\mathrm{T}}\mathbf{u}_2 & \cdots & \mathbf{u}_D^{\mathrm{T}}\mathbf{u}_D \end{pmatrix} = \begin{pmatrix} 1 & & & \\ & 1 & & \\ & & \ddots & \\ & & & 1 \end{pmatrix}$$

となる．すなわち，

$$\mathbf{U}^{\mathrm{T}}\mathbf{U} = \mathbf{I} \tag{9.2.6}$$

である．一般に，式 (9.2.6) をみたす行列は**直交行列**といわれる．直交行列においては，列だけでなく，行も直交する．すなわち，$\mathbf{U}\mathbf{U}^{\mathrm{T}} = \mathbf{I}$ となる．これは，式 (9.2.6) から $\mathbf{U}^{\mathrm{T}}\mathbf{U}\mathbf{U}^{-1} = \mathbf{U}^{-1} = \mathbf{U}^{\mathrm{T}}$ となり，$\mathbf{U}\mathbf{U}^{-1} = \mathbf{U}\mathbf{U}^{\mathrm{T}} = \mathbf{I}$ と示せる．また，$|\mathbf{AB}| = |\mathbf{A}|\,|\mathbf{B}|$ をつかえば，$|\mathbf{U}| = \pm 1$ であることもわかる．

任意のベクトル $\mathbf{x}$ を直交行列 $\mathbf{U}$ によって変換したベクトル $\tilde{\mathbf{x}} = \mathbf{U}\mathbf{x}$ に対し，

$$\|\tilde{\mathbf{x}}\|^2 = \tilde{\mathbf{x}}^{\mathrm{T}}\tilde{\mathbf{x}} = \mathbf{x}^{\mathrm{T}}\mathbf{U}^{\mathrm{T}}\mathbf{U}\mathbf{x} = \mathbf{x}^{\mathrm{T}}\mathbf{x} = \|\mathbf{x}\|^2$$

である．これは，直交行列による変換では，ベクトルの大きさはかわらないことを示す．この性質のため，直交行列による変換は**等長変換**といわれる．また，

$$\tilde{\mathbf{x}}^{\mathrm{T}}\tilde{\mathbf{y}} = \mathbf{x}^{\mathrm{T}}\mathbf{U}^{\mathrm{T}}\mathbf{U}\mathbf{y} = \mathbf{x}^{\mathrm{T}}\mathbf{y}$$

となり，直交行列による変換では 2 つのベクトルの内積はかわらない．内積が不変であることと，ベクトルの大きさが不変であることにより，直交行列による変換では 2 つのベクトル間の角度も変化しないこともわかる．したがって，直交行列をかけることは，座標系の回転として解釈できる．

さて，式 (9.2.1) は，$\mathbf{A}$ の固有ベクトルからなる直交行列 $\mathbf{U}$ をつかって，

$$\mathbf{A}\mathbf{U} = \mathbf{U}\boldsymbol{\Lambda} \tag{9.2.7}$$

と書きなおすことができる．ここで，$\boldsymbol{\Lambda}$ は，対角成分が固有値 λ_i である $D \times D$ の対角行列である．この式 (9.2.7) の両辺に左から $\mathbf{U}^{\mathrm{T}}$ をかけて $\mathbf{U}^{\mathrm{T}}\mathbf{U} = \mathbf{I}$ に注意すると

$$\mathbf{U}^{\mathrm{T}}\mathbf{A}\mathbf{U} = \boldsymbol{\Lambda} \tag{9.2.8}$$

となる．すなわち，実対称行列 $\mathbf{A}$ は，直交行列 $\mathbf{U}$ によって**対角化**される．式 (9.2.8) の左右から，それぞれ $\mathbf{U}$ と $\mathbf{U}^{\mathrm{T}}$ をかければ，

$$\mathbf{A} = \mathbf{U}\boldsymbol{\Lambda}\mathbf{U}^{\mathrm{T}} \tag{9.2.9}$$

となる．

実対称行列 $\mathbf{A}$ が正定値行列，すなわち，任意の $\mathbf{w} \neq \mathbf{0}$ に対し $\mathbf{w}^{\mathrm{T}}\mathbf{A}\mathbf{w} > 0$ であることと，$\mathbf{A}$ のすべての固有値 λ_i が正であることは同値である．これは以下のように示される．まず，$\mathbf{A}$ が正定値のとき，式 (9.2.1) の両辺に，固有ベクトル $\mathbf{u}_i^{\mathrm{T}}$ を左からかけることにより，固有値 λ_i が正であることが確認できる．逆に，$\mathbf{A}$ のすべての固有値が

正であれば，任意のベクトル $\mathbf{w} \neq \mathbf{0}$ が，固有ベクトルの線形結合によって表わされることから，$\mathbf{w}^{\mathrm{T}}\mathbf{A}\mathbf{w} > 0$ が確認できる．また，実対称行列 $\mathbf{A}$ が半正定値対称行列であることと，$\lambda_i \geq 0$ とは同値であることも同様に示すことができる．

9.2.1　PCA の定式化

D 次元ベクトル $\mathbf{x}$ を，より低次元の「よい近似」ベクトル $\mathbf{z} \in \boldsymbol{R}^L, L < D,$ に線形変換するというのが PCA の基本的考え方である．ここで，「よい近似」というのはつぎの意味である．すなわち，$\mathbf{x} \in \boldsymbol{R}^D$ を低次元空間へ線形写像した結果が $\mathbf{z} \in \boldsymbol{R}^L$ となるとしたとき，逆向きの線形変換 $\hat{\mathbf{x}} = \mathbf{W}\mathbf{z}$ でもとの空間にもどした $\hat{\mathbf{x}}$ と，もとの $\mathbf{x}$ との距離が小さくなることである．もとの D 次元ベクトル $\mathbf{x}$ が観測される量であるのに対し，対応する $\mathbf{z}$ は観測される量ではないので，それを**潜在ベクトル**とよぼう[2)]．一般に，潜在変数がとる値がなす空間を**潜在空間**といい，PCA の場合には，潜在空間は線形空間 $\boldsymbol{R}^L$ である．以下，この考えを精緻化し PCA を定式化しよう．

■ PCA の潜在空間

まず，$L < D$ として，L 個の D 次元ベクトル $\mathbf{w}_1$，$\mathbf{w}_2$，...，$\mathbf{w}_L$ からなる正規直交系を考えよう．すなわち，それら $\mathbf{w}_n$ は，大きさ 1 で，線形独立かつどの 2 つをとっても直交しているとする．この正規直交系 $\mathbf{w}_1$，...，$\mathbf{w}_L$ は，L 次元（線形）部分空間 S_L をはる．よって，任意の $\mathbf{z} \in S_L$ は，D 次元空間 $(\boldsymbol{R}^D)$ のベクトルとして

$$\mathbf{z} = z_1\mathbf{w}_1 + z_2\mathbf{w}_2 + \cdots + z_L\mathbf{w}_L$$

として表現される．

また，この L 次元部分空間 S_L に対して，もとの D 次元空間と原点を同一とし，正規直交系 $\mathbf{w}_1$，...，$\mathbf{w}_L$ によって定義されるそれぞれの方向直線を座標

---

2) 10.3 節で導入する潜在変数 $\mathbf{z}$ は確率変数であるのに対し，ここでの $\mathbf{z}$ は確定的な値をとる．ただし，$\mathbf{z}$ は確率 1 でベクトル値をとる確率変数とみなせるので，その意味でそれを潜在変数とよんでもかまわない．また，本書ではあつかわないが，確率的 PCA では，$\mathbf{z}$ を確率変数としてあつかい，$\mathbf{z}$ の分布はガウス分布と仮定される．

軸とする座標系を導入する．この座標系のもとで，部分空間 S_L は $\boldsymbol{R}^L$ と同一視できるので，任意の $\mathbf{z} \in S_L$ は，L 個の成分からなるベクトルとして表現される．この L 個の成分が，上式の $z_1, \ldots, z_L$ である．以下では，この同一視のもと，任意の $\mathbf{z} \in S_L$ を，L 個の成分からなるベクトル，すなわち，$\boldsymbol{R}^L$ の元として表現する．

いま，ベクトル $\mathbf{x} \in \boldsymbol{R}^D$ を，$\boldsymbol{R}^L$ の元 $\mathbf{z} = (z_1 \ \cdots \ z_L)^{\mathrm{T}}$ で近似したとすると，

$$\mathbf{x} \approx z_1\mathbf{w}_1 + z_2\mathbf{w}_2 + \cdots + z_L\mathbf{w}_L$$

である．ここで，$\mathbf{w}_1, \mathbf{w}_2, \ldots, \mathbf{w}_L$ を列ベクトルとしてならべた行列

$$\mathbf{W} = (\mathbf{w}_1 \ \mathbf{w}_2 \ \cdots \ \mathbf{w}_L)$$

を導入する．この行列 $\mathbf{W}$ は，$\mathbf{w}_1, \ldots, \mathbf{w}_L$ が正規直交系なので直交行列である．この $\mathbf{W}$ と，$\mathbf{z}$ の $\boldsymbol{R}^L$ における成分表示をつかうと，$\mathbf{W}\mathbf{z} = z_1\mathbf{w}_1 + \cdots + z_L\mathbf{w}_L$ であるから，$\mathbf{x}$ の近似は

$$\mathbf{x} \approx \mathbf{W}\mathbf{z}$$

とかける．上式の近似のもとで，$\mathbf{z}$ が $\mathbf{x}$ に対応する潜在ベクトルであり，$\boldsymbol{R}^L$ が潜在空間である．

■ 復元誤差最小

データが $\mathbf{x}_1, \ldots, \mathbf{x}_N$ の N 個あるとし，対応する潜在ベクトルを $\mathbf{z}_1, \ldots, \mathbf{z}_N \in \boldsymbol{R}^L$ とする．PCA では，直交行列 $\mathbf{W}$ により，$\mathbf{z}_n$ を D 次元空間に線形変換した $\mathbf{W}\mathbf{z}_n$ が，$\mathbf{x}_n \approx \mathbf{W}\mathbf{z}_n$ となるように $\mathbf{W}$ を定める．すなわち，復元誤差とよばれる

$$E(\mathbf{W}, \mathbf{Z}) = \frac{1}{N}\sum_{n=1}^{N} \|\mathbf{x}_n - \mathbf{W}\mathbf{z}_n\|^2 \qquad (9.2.10)$$

を最小とする直交行列 $\mathbf{W}$ を求める．ただし，$\mathbf{Z} = \{\mathbf{z}_n, \ldots, \mathbf{z}_N\}$ である．次項で証明するように，$\hat{\mathbf{W}} = \mathbf{U}_L$ が解となる．ただし，$\mathbf{U}_L$ は，データの分散

共分散行列（経験分散共分散行列，あるいは経験共分散行列）

$$\mathbf{\Sigma} = \frac{1}{N}\sum_{n=1}^{N}(\mathbf{x}_n - \bar{\mathbf{x}})(\mathbf{x}_n - \bar{\mathbf{x}})^{\mathrm{T}} = \frac{1}{N}\mathbf{X}_c^{\mathrm{T}}\mathbf{X}_c \tag{9.2.11}$$

の大きいほうの L 個の固有値に属する固有ベクトルをならべた行列である．ここで，$\mathbf{X}_c$ は，$\bar{\mathbf{x}}$ を $\mathbf{x}_1$, …, $\mathbf{x}_N$ の平均ベクトルとしたとき，中心化されたデータ $\mathbf{x}_n - \bar{\mathbf{x}}$ からなる（正確には，$(\mathbf{x}_n - \bar{\mathbf{x}})^{\mathrm{T}}$ を行としてならべた）計画行列である．なお，経験共分散行列 $\mathbf{\Sigma}$ が，半正定値対称行列であることは簡単に示すことができ（演習 9.1），その固有値は 0 または正である．

9.2.2　アルゴリズム

以下では，中心化されたデータ $\mathcal{D} = \{\mathbf{x}_1, \ldots, \mathbf{x}_N\}$, $\mathbf{x}_n \in \boldsymbol{R}^D$, をあつかい，それらをならべた $N \times D$ 計画行列を $\mathbf{X}$ とする．データは中心化されているので，$\bar{\mathbf{x}} = \frac{1}{N}\sum_{n=1}^{N}\mathbf{x}_n = \mathbf{0}$ となる．したがって，$\mathbf{\Sigma} = \frac{1}{N}\sum_{n=1}^{N}\mathbf{x}\mathbf{x}^{\mathrm{T}}$ であり，また，式 (9.2.11) の $\mathbf{X}_c$ はここでは $\mathbf{X}$ となることに注意してほしい．このとき，復元誤差 (9.2.10) を最小とする直交行列 $\mathbf{W}$ は，経験共分散行列 (9.2.11) の大きいほうの L 個の固有値に属する固有ベクトルをならべた行列である．

証明は数学的帰納法による．

■ 基底ステップ

まず，$\mathbf{W}$ が 1 つの列ベクトル $\mathbf{w}_1 \in \boldsymbol{R}^D$ の場合を考える．データ点 $\mathbf{x}_n$, …, $\mathbf{x}_N$ のそれぞれに対応した潜在変数ベクトル $\mathbf{z}_1$, …, $\mathbf{z}_N$ の第 1 成分をならべたベクトルを $\tilde{\mathbf{z}}_1 = (z_{11}\ z_{21}\ \cdots\ z_{N1})^{\mathrm{T}}$ とする．すると，復元誤差は，

$$\begin{aligned}
E(\mathbf{w}_1, \tilde{\mathbf{z}}_1) &= \frac{1}{N}\sum_{n=1}^{N}\|\mathbf{x}_n - z_{n1}\mathbf{w}_1\|^2 = \frac{1}{N}\sum_{n=1}^{N}(\mathbf{x}_n - z_{n1}\mathbf{w}_1)^{\mathrm{T}}(\mathbf{x}_n - z_{n1}\mathbf{w}_1) \\
&= \frac{1}{N}\sum_{n=1}^{N}(\mathbf{x}_n^{\mathrm{T}}\mathbf{x}_n - 2z_{n1}\mathbf{w}_1^{\mathrm{T}}\mathbf{x}_n + z_{n1}^2\mathbf{w}_1^{\mathrm{T}}\mathbf{w}_1) \\
&= \frac{1}{N}\sum_{n=1}^{N}(\mathbf{x}_n^{\mathrm{T}}\mathbf{x}_n - 2z_{n1}\mathbf{w}_1^{\mathrm{T}}\mathbf{x}_n + z_{n1}^2)
\end{aligned} \tag{9.2.12}$$

である．ただし，最後の等式は $\mathbf{w}_1^{\mathrm{T}}\mathbf{w}_1 = 1$ をもちいた．この式を $\mathbf{w}_1$ と z_{n1} に関して最適化しよう．まず z_{n1} で微分して 0 とおくと，

$$\frac{\partial E(\mathbf{w}_1, \tilde{\mathbf{z}}_1)}{\partial z_{n1}} = \frac{1}{N}(-2z_{n1}\mathbf{w}_1^{\mathrm{T}}\mathbf{x}_n + 2z_{n1}) = 0.$$

この式をとくと

$$z_{n1} = \mathbf{w}_1^{\mathrm{T}}\mathbf{x}_n \tag{9.2.13}$$

となる．すなわち，データ点 $\mathbf{x}_n$ に対し，潜在空間において復元誤差を最小にする $\mathbf{z}_n^*$ は $\mathbf{x}_n$ の $\mathbf{w}_1$ への射影であり，z_{n1} は「$\mathbf{w}_1$ 軸」成分である．式 (9.2.13) をつかい (9.2.12) の右辺を計算すると $\mathbf{w}_1$ の復元誤差

$$\begin{aligned} E(\mathbf{w}_1) &= \frac{1}{N}\sum_{n=1}^{N}(\mathbf{x}_n^{\mathrm{T}}\mathbf{x}_n - z_{n1}^2) = -\frac{1}{N}\sum_{n=1}^{N} z_{n1}^2 + \text{const.} \\ &= -\frac{1}{N}\sum_{n=1}^{N}\mathbf{w}_1^{\mathrm{T}}\mathbf{x}_n\mathbf{x}_n^{\mathrm{T}}\mathbf{w}_1 + \text{const.} = -\mathbf{w}_1^{\mathrm{T}}\mathbf{\Sigma}\mathbf{w}_1 + \text{const.} \end{aligned} \tag{9.2.14}$$

を得る．ただし，$\mathbf{\Sigma} = \frac{1}{N}\sum_{n=1}^{N}\mathbf{x}\mathbf{x}^{\mathrm{T}}$ は経験共分散行列である．

制約 $\mathbf{w}_1^{\mathrm{T}}\mathbf{w}_1 = 1$ のもとで，式 (9.2.14) を最小にする $\mathbf{w}_1$ を求めるために，ラグランジュの未定乗数 λ_1 を導入し，ラグランジュ関数

$$L(\mathbf{w}_1) = \mathbf{w}_1^{\mathrm{T}}\mathbf{\Sigma}\mathbf{w}_1 + \lambda_1(1 - \mathbf{w}_1^{\mathrm{T}}\mathbf{w}_1) \tag{9.2.15}$$

の停留点を求める．そのために，この式を $\mathbf{w}_1$ で微分して 0 とおくと

$$\frac{\partial L(\mathbf{w}_1)}{\partial \mathbf{w}_1} = 2\mathbf{\Sigma}\mathbf{w}_1 - 2\lambda_1\mathbf{w}_1 = 0$$

となる．これより

$$\mathbf{\Sigma}\mathbf{w}_1 = \lambda_1\mathbf{w}_1$$

を得る．これは，λ_1 が $\mathbf{\Sigma}$ の固有値であり，$\mathbf{w}_1$ が λ_1 に属する固有ベクトルであることを示す．

この式の両辺に左から $\mathbf{w}_1^{\mathrm{T}}$ をかけ，$\mathbf{w}_1^{\mathrm{T}}\mathbf{w}_1 = 1$ を考慮すると

$$\lambda_1 = \mathbf{w}_1^{\mathrm{T}} \boldsymbol{\Sigma} \mathbf{w}_1 \tag{9.2.16}$$

であることがわかる．よって，復元誤差 (9.2.14) を最小にするのは $\boldsymbol{\Sigma}$ の最大の固有値であることがわかる．

■ 帰納ステップ

ここでは，簡単のため，$\mathbf{w}_1$ と $\mathbf{w}_2$ の 2 つのベクトルについて，$\mathbf{w}_1^{\mathrm{T}}\mathbf{w}_2 = 0$ と $\mathbf{w}_1^{\mathrm{T}}\mathbf{w}_1 = 1$ と $\mathbf{w}_2^{\mathrm{T}}\mathbf{w}_2 = 1$ という制約のもとで，復元誤差を最小にする $\mathbf{w}_1$, $\mathbf{w}_2$ が，経験共分散行列の大きいほうから 2 個の固有値にそれぞれ属する固有ベクトルであることを示そう．

データ点 $\mathbf{x}_n$, $n = 1, \ldots, N$, に対応した潜在変数ベクトル $\mathbf{z}_n$ の第 1 成分をならべたベクトルを $\tilde{\mathbf{z}}_1 = (z_{11}\ z_{21}\ \cdots\ z_{N1})^{\mathrm{T}}$ とし，第 2 成分をならべたベクトルを $\tilde{\mathbf{z}}_2 = (z_{12}\ z_{22}\ \cdots\ z_{N2})^{\mathrm{T}}$ とする．復元誤差を $\mathbf{w}_1$, $\tilde{\mathbf{z}}_1$, $\mathbf{w}_2$, $\tilde{\mathbf{z}}_2$ の関数としてかくと，

$$\begin{aligned} E(\mathbf{w}_1, \tilde{\mathbf{z}}_1, \mathbf{w}_2, \tilde{\mathbf{z}}_2) &= \frac{1}{N}\sum_{n=1}^{N} \|\mathbf{x}_n - z_{n1}\mathbf{w}_1 - z_{n2}\mathbf{w}_2\|^2 \\ &= \frac{1}{N}\sum_{n=1}^{N} \|(\mathbf{x}_n - z_{n1}\mathbf{w}_1) - z_{n2}\mathbf{w}_2\|^2 \\ &= \frac{1}{N}\sum_{n=1}^{N} \Big(\|(\mathbf{x}_n - z_{n1}\mathbf{w}_1)\|^2 - 2z_{n2}\mathbf{w}_2^{\mathrm{T}}(\mathbf{x}_n - z_{n1}\mathbf{w}_1) \\ &\qquad + z_{n2}^2\|\mathbf{w}_2\|^2\Big) \\ &= \frac{1}{N}\sum_{n=1}^{N} (\|(\mathbf{x}_n - z_{n1}\mathbf{w}_1)\|^2 - 2z_{n2}\mathbf{w}_2^{\mathrm{T}}\mathbf{x}_n + z_{n2}^2) \end{aligned} \tag{9.2.17}$$

となる．和の第 1 項は，$\mathbf{w}_2$ に無関係なので，$\mathbf{w}_1$ に関するこの復元誤差の最小化に対して，基底ステップでおこなった計算がそのままつかえ，$\mathbf{w}_1$ は，経験共分散行列 $\boldsymbol{\Sigma}$ の最大の固有値に属する固有ベクトルになる．

さらに，$\mathbf{w}_2$ を求めよう．式 (9.2.17) から，第 1 項を無視すると，復元誤差は，$\mathbf{w}_2$ と $\tilde{\mathbf{z}}_2$ の関数

$$E(\mathbf{w}_2,\,\tilde{\mathbf{z}}_2) = \frac{1}{N}\sum_{n=1}^{N}(z_{n2}^2 - 2z_{n2}\mathbf{w}_2^{\mathrm{T}}\mathbf{x}_n) = \frac{1}{N}(\tilde{\mathbf{z}}_2^{\mathrm{T}}\tilde{\mathbf{z}}_2 - 2\mathbf{w}_2^{\mathrm{T}}\mathbf{x}_n\tilde{\mathbf{z}}_2^{\mathrm{T}}\mathbf{1}_N) \tag{9.2.18}$$

である．ただし，$\mathbf{1}_N = (1\ \cdots\ 1)^{\mathrm{T}}$ は成分がすべて 1 の N 次元ベクトルである[3]．これを $\mathbf{w}_2$ と $\tilde{\mathbf{z}}_2$ に関して最適化するため，まず，$\tilde{\mathbf{z}}_2$ で微分して $\mathbf{0}$ とおこう．第 2 項めの $\mathbf{w}_2^{\mathrm{T}}\mathbf{x}_n$ は $\tilde{\mathbf{z}}_2$ に無関係なスカラーであり，$\tilde{\mathbf{z}}_2^{\mathrm{T}}\mathbf{1}_N$ もスカラーであることに注意すると

$$\frac{1}{N}(2\tilde{\mathbf{z}}_2 - 2\mathbf{w}_2^{\mathrm{T}}\mathbf{x}_n\mathbf{1}_N) = \mathbf{0}$$

となる．これをといて

$$\tilde{\mathbf{z}}_2 = \mathbf{w}_2^{\mathrm{T}}\mathbf{x}_n\mathbf{1}_N. \tag{9.2.19}$$

この式は，$\tilde{\mathbf{z}}_2$ の成分がすべて $\mathbf{w}_2^{\mathrm{T}}\mathbf{x}_n$ であることを示す．すなわち，$z_{n2} = \mathbf{w}_2^{\mathrm{T}}\mathbf{x}_n$ であり，z_{n2} は，$\mathbf{x}_n$ の $\mathbf{w}_2$ 方向への射影成分であることがわかる．

式 (9.2.19) の $\tilde{\mathbf{z}}_2$ を式 (9.2.18) に代入し，$\mathbf{1}_N^{\mathrm{T}}\mathbf{1}_N = N$ で，$\mathbf{w}_2^{\mathrm{T}}\mathbf{x}_n = \mathbf{x}_n^{\mathrm{T}}\mathbf{w}_2$ はスカラーに注意して，$\mathbf{w}_2$ の関数

$$E(\mathbf{w}_2) = -\frac{1}{N}\sum_{n=1}^{N}\mathbf{w}_2^{\mathrm{T}}\mathbf{x}_n\mathbf{x}_n^{\mathrm{T}}\mathbf{w}_2 = -\mathbf{w}_2^{\mathrm{T}}\mathbf{\Sigma}\mathbf{w}_2 \tag{9.2.20}$$

を得る．

制約 $\mathbf{w}_2^{\mathrm{T}}\mathbf{w}_2 = 1$ のもとで，これを最小化するために，ラグランジュ未定乗数 λ_2 を導入してラグランジュ関数

$$L(\mathbf{w}_2) = \mathbf{w}_2^{\mathrm{T}}\mathbf{\Sigma}\mathbf{w}_2 + \lambda_2(1 - \mathbf{w}_2^{\mathrm{T}}\mathbf{w}_2) \tag{9.2.21}$$

をつくる．これを $\mathbf{w}_2$ で微分して $\mathbf{0}$ とおくと

---

[3] 直後にでてくるように，スカラーをベクトルで微分する公式をつかいたいために，$z_{12} + z_{22} + \cdots + z_{N2}$ を $\tilde{\mathbf{z}}_2^{\mathrm{T}}\mathbf{1}_N$ のようにベクトル $\mathbf{1}_N$ をもちいて表現した．もちろん，この表現でなくとも，z_{n2} の和を微分するには，成分ごとに微分して，その結果をならべたベクトルをつくってもよい．

$$2\boldsymbol{\Sigma}\mathbf{w}_2 - 2\lambda_2\mathbf{w}_2 = \mathbf{0}.$$

よって，

$$\boldsymbol{\Sigma}\mathbf{w}_2 = \lambda_2\mathbf{w}_2$$

を得る．すなわち，λ_2 は $\boldsymbol{\Sigma}$ の固有値であり，$\mathbf{w}_2$ は λ_2 に属する固有ベクトルである．さらに，上式の両辺に左から $\mathbf{w}_2^{\mathrm{T}}$ をかけて，$\mathbf{w}_2^{\mathrm{T}}\mathbf{w}_2 = 1$ に注意すると，

$$\lambda_2 = \mathbf{w}_2^{\mathrm{T}}\boldsymbol{\Sigma}\mathbf{w}_2 \tag{9.2.22}$$

となる．すでに，λ_1 は最大の固有値であることはわかっており，$\mathbf{w}_2$ は $\mathbf{w}_1$ に直交するので，復元誤差 (9.2.20) を最小にする $\mathbf{w}_2$ は，式 (9.2.22) より，$\boldsymbol{\Sigma}$ の2番めに大きい固有値に属する固有ベクトルであると結論される．これで，帰納ステップを終える．

図9.1は，17歳の日本人40名（男子20名と女子20名）の身長と体重の2次元データ[4]に対し，中心化したあとにPCAで抽出した最大固有値の固有ベ

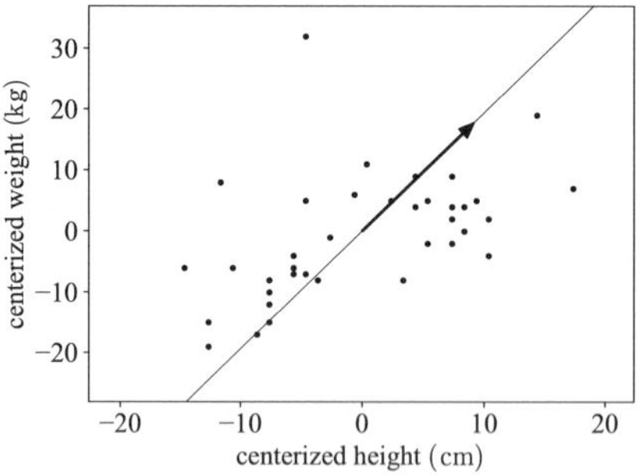

図9.1　17歳の日本人40名（男子20名と女子20名）の身長と体重の2次元データ（横軸が身長で，縦軸は体重），中心化したデータに対して，PCAで抽出した最大固有値の固有ベクトルと，その方向直線を示している．データは，日本政府統計ポータルサイトにある学校保健統計調査2018年のデータ（政府統計コード：00400002）をもとに作成．

[4] http://www.mext.go.jp/b_menu/toukei/chousa05/hoken/1268826.htm

クトルとその方向直線を示している．なお，9.3 節の図 9.7 に，サイズが 8×8 の手書き数字の画像（64 次元）1797 枚を，PCA で 2 次元に埋めこんだ表示をあげた．数字のちがいは点の濃淡で示されている．図には，9.3 節で紹介する t-SNE による埋めこみ表示の結果も示してある．PCA による 2 次元表示では，異なる数字の重なりが多く見られるのに対し，t-SNE による埋めこみ表示では，数字ごとにグループ化がおこなわれ，うまく分離できていることがわかる．

9.2.3 分散最大化としての PCA

以上では，復元誤差を最小とする PCA の定式化についてのべた．つぎに，データの分散を最大にする PCA の定式化を紹介しよう．もちろん，両者は，同じ結果をもたらす．簡単のため z_{n1} を取りあげる．それ以外の z_{n2} などについても同様な議論がおこなえる．データは中心化されているとすると，データ $\mathbf{x}_n$ の $\mathbf{w}_1$ への射影成分 z_{n1} の平均も

$$\frac{1}{N}\sum_{n=1}^{N} z_{n1} = \frac{1}{N}\sum_{n=1}^{N} \mathbf{x}_n^{\mathrm{T}}\mathbf{w}_1 = \left(\frac{1}{N}\sum_{n=1}^{N} \mathbf{x}_n^{\mathrm{T}}\right)\mathbf{w}_1 = \mathbf{0}^{\mathrm{T}}\mathbf{w}_1 = 0$$

である．それゆえ，データ $\mathbf{x}_n$ の $\mathbf{w}_1$ への射影成分の分散は

$$\frac{1}{N}\sum_{n=1}^{N} z_{n1}^2 = -E(\mathbf{w}_1) + \text{const.}$$

となる．ただし，const. は $\mathbf{w}_1$ に無関係な定数である．この式から，復元誤差を最小にすることは，データの射影成分の分散を最大にすることと等価であることがわかる．すなわち，PCA は，データの射影が最大の分散となる方向を定めるといえる（図 9.2）．

9.2.4 高次元データのあつかい

画像をあつかうときなど，データ $\mathbf{x}$ の次元 D が，データ数 N よりも大きいときの PCA について簡単に紹介しておこう．まず，次元 D がかなり高次元で，データ数 N よりも大きいときには，$D \times D$ の行列 $\frac{1}{N}\mathbf{X}^{\mathrm{T}}\mathbf{X}$ のランク

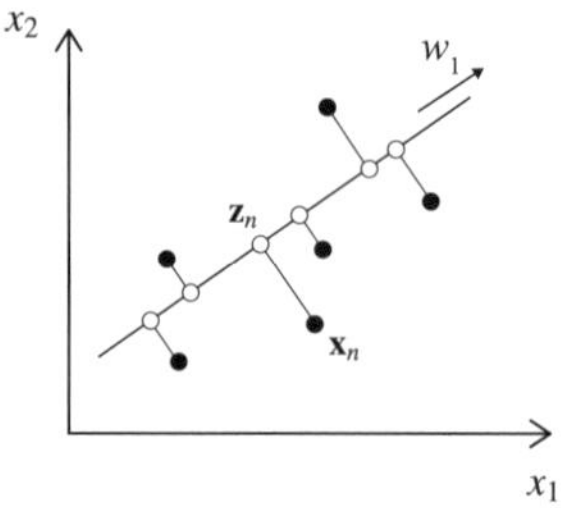

図 9.2　部分空間への射影の分散最大化としての主成分分析．主成分分析は，データ点（黒丸）の部分空間への射影（白丸）の分散が最大となる部分空間を求めることとしても定式化できる．

は高だか $D-N+1$ であり，それゆえ，少なくとも $D-N+1$ 個の固有値も 0 となることを注意しておく．さて，これまでのべてきたように，PCA の中心は，経験共分散行列を $\mathbf{X}$ としたとき，$D \times D$ の行列 $\frac{1}{N}\mathbf{X}^{\mathrm{T}}\mathbf{X}$ の固有ベクトルを求めることにある（式 (9.2.11) 参照）．しかし，$D \times D$ の行列の固有ベクトルを求める計算コストは $O(D^3)$ であり，高次元の固有ベクトルを求めることは実際上不可能である．しかし，以下に示すような場合には，$N \times N$ の行列 $\frac{1}{N}\mathbf{X}\mathbf{X}^{\mathrm{T}}$ の固有値問題をとくことに帰着させることができる．

まず，$\frac{1}{N}\mathbf{X}\mathbf{X}^{\mathrm{T}}$ の固有値を対角成分とする対角行列を $\mathbf{\Lambda}$ とし，対応する固有ベクトルを列にならべた直交行列を $\mathbf{U}$ とする．すると，対角化により，

$$\frac{1}{N}\mathbf{X}\mathbf{X}^{\mathrm{T}} = \mathbf{U}\mathbf{\Lambda}\mathbf{U}^{\mathrm{T}}$$

である．この両辺に左から $\mathbf{X}^{\mathrm{T}}$ を，右から $\mathbf{U}$ をかけると

$$\left(\frac{1}{N}\mathbf{X}^{\mathrm{T}}\mathbf{X}\right)(\mathbf{X}^{\mathrm{T}}\mathbf{U}) = (\mathbf{X}^{\mathrm{T}}\mathbf{U})\mathbf{\Lambda}$$

を得る．この式は，$\mathbf{\Lambda}$ の対角成分が，$N \times N$ 行列 $\frac{1}{N}\mathbf{X}^{\mathrm{T}}\mathbf{X}$ の固有値でもあること，また，$\mathbf{V} = \mathbf{X}^{\mathrm{T}}\mathbf{U}$ が，その固有値に対応する固有ベクトルを列にならべた行列であることを示している．ただし，$\mathbf{V}$ の列ベクトルは正規化されてはいない．それは，$\mathbf{V}^{\mathrm{T}}\mathbf{V} = \mathbf{U}^{\mathrm{T}}\mathbf{X}\mathbf{X}^{\mathrm{T}}\mathbf{U} = \mathbf{U}^{\mathrm{T}}\mathbf{U}\mathbf{\Lambda}\mathbf{U}^{\mathrm{T}}\mathbf{U} = \mathbf{\Lambda}$ からわかる．行列 $\mathbf{V}$ の列を正規化するため，$\mathbf{V}$ に右から $\mathbf{\Lambda}^{-\frac{1}{2}}$ をかけ $\frac{1}{\sqrt{N}}$ 倍した

$$\hat{\mathbf{U}} = \frac{1}{\sqrt{N}}\mathbf{V}\mathbf{\Lambda}^{-\frac{1}{2}} = \frac{1}{\sqrt{N}}\mathbf{X}^{\mathrm{T}}\mathbf{U}\mathbf{\Lambda}^{-\frac{1}{2}} \tag{9.2.23}$$

を導入すれば，それが $\frac{1}{N}\mathbf{X}^{\mathrm{T}}\mathbf{X}$ の固有ベクトルを列にならべた直交行列となる（演習 9.2）．ただし，$\mathbf{\Lambda}^{-\frac{1}{2}}$ は，$\mathbf{\Lambda}$ の対角成分の平方根の逆数をとった対角行列である[5]．この $\hat{\mathbf{U}}$ の正規直交性は，$\left(\frac{1}{\sqrt{N}}\mathbf{X}^{\mathrm{T}}\mathbf{U}\mathbf{\Lambda}^{-\frac{1}{2}}\right)^{\mathrm{T}}\left(\frac{1}{\sqrt{N}}\mathbf{X}^{\mathrm{T}}\mathbf{U}\mathbf{\Lambda}^{-\frac{1}{2}}\right) = \mathbf{\Lambda}^{-\frac{1}{2}}\mathbf{U}^{\mathrm{T}}\left(\frac{1}{N}\mathbf{X}\mathbf{X}^{\mathrm{T}}\right)\mathbf{U}\mathbf{\Lambda}^{-\frac{1}{2}} = \mathbf{\Lambda}^{-\frac{1}{2}}\mathbf{\Lambda}\mathbf{\Lambda}^{-\frac{1}{2}} = \mathbf{I}$ からたしかめられる．まとめよう．データ数 N よりも大きい D に対し，$D \times D$ の行列 $\frac{1}{N}\mathbf{X}^{\mathrm{T}}\mathbf{X}$ の固有ベクトルを求めるには，$N \times N$ の行列 $\frac{1}{N}\mathbf{X}\mathbf{X}^{\mathrm{T}}$ の固有値と固有ベクトルを計算し，それらをつかって式 (9.2.23) から求めればよい．

9.2.5 次元の決定

本節の最後に，PCA をもちいるときの潜在空間の次元について簡単にふれておこう．データの可視化という目的があるのであれば，潜在空間の次元は 2 次元ないしは 3 次元となる．しかし，単にデータを圧縮することが目的であれば，潜在空間の次元を決定することはそれほど簡単なことではない．

これまでにいくつもの次元決定方式が提案されてきた．よくもちいられるものに復元誤差を利用するものがある．すなわち，潜在空間の次元が高くなるほど復元誤差が小さくなるので，1 次元から順に 2 次元，3 次元と次元をあげて復元誤差をプロットし，適当に定めた値以下になる次元を採用するものである．あるいは，経験共分散行列の固有値をもちいる方式もある．大きいほうから順に固有値をくわえていき，ある値以上になった場合の固有値の個数を次元とする．

---

[5] さきにのべたように，経験共分散行列 $\mathbf{\Sigma} = \mathbf{X}^{\mathrm{T}}\mathbf{X}$ は半正定値対称行列である．同様に，$\mathbf{X}\mathbf{X}^{\mathrm{T}}$ も半正定値対称行列であることを示すことができる．ここでは，さらにそれが正定値対称であることを仮定する．この仮定のもとでは，$\mathbf{X}\mathbf{X}^{\mathrm{T}}$ の固有値はすべて正であり，その平方根の逆数が存在する．

9.3　t-SNE：t 分布確率的近傍埋めこみ

主成分分析は，線形変換という強い制約のもとで多次元量をより低次元へと写像する．もとの多次元空間量が空間内で複雑な分布をしている場合には，線形変換では，もとの空間での分布の特徴をとらえられない可能性がある．本節では，非線形変換をもちいて次元圧縮をおこなう手法の1つである**t 分布確率的近傍埋めこみ (t-SNE)** を紹介する．まず，2つの分布の「距離」をはかるカルバック-ライブラーダイバージェンスを解説する．

◆ カルバック-ライブラーダイバージェンス

いま，コインがあり，そのコインの表がでる確率を $p = 0.5$ とする．もちろん，裏がでる確率も $1 - p = 0.5$ である．このとき，なんらかの方法によって，そのコインの表がでる確率を $q_1 = 0.4$，裏がでる確率を $1 - q_1 = 0.6$ と推定したとする．また，別の方法によって，表がでる確率を $q_2 = 0.3$，裏がでる確率を $1 - q_2 = 0.7$ と推定したとする．明らかに，最初の推定結果のほうが，表がでる真の確率 p に近い．この場合のように，1をとる確率がそれぞれ p と q の2つのベルヌイ分布の近さのはかり方としては，たとえば，2乗誤差 $(p-q)^2 + ((1-p)-(1-q))^2$ や，絶対誤差 $|p-q| + |(1-p)-(1-q)|$ などがあげられよう．それらの近さのものさしとして，ここでは，対数をとった差の期待値，すなわち，$p \cdot (\ln p - \ln q) + (1-p) \cdot (\ln(1-p) + \ln(1-q))$ を考える．

一般に，2つの確率分布 p と q とのカルバック-ライブラーダイバージェンス（略して **KL ダイバージェンス**）を，離散分布の場合は

$$\mathbb{KL}(p \,\|\, q) \equiv \sum_i p_i \cdot (\ln p_i - \ln q_i) = \sum_i p_i \cdot \ln \left(\frac{p_i}{q_i} \right) \tag{9.3.1}$$

で定義し，連続分布の場合は

$$\mathbb{KL}(p \,\|\, q) \equiv \int p(\mathbf{x}) \cdot (\ln p(\mathbf{x}) - \ln q(\mathbf{x}))\, d\mathbf{x} = \int p(\mathbf{x}) \cdot \ln \left(\frac{p(\mathbf{x})}{q(\mathbf{x})} \right) d\mathbf{x} \tag{9.3.2}$$

で定義する．KL ダイバージェンスは，**相対エントロピー**ともいわれる．

KL ダイバージェンスは，数学の定義としては距離ではない[6]が，分布間の近さをは

---

6) 空でない集合 X に対し，2変数の実数値関数 $d(x, y) \geq 0$ が X 上の**距離**であるとは，①同一性：任意の $x, y \in X$ に対し，$d(x, y) = 0$ ならば $x = y$，逆に $x = y$ ならば $d(x, y) = 0$，②対称性：任意の $x, y \in X$ に対し $d(x, y) = d(y, x)$，③三角不等式：任意の $x, y, z \in X$ に対し，$d(x, z) \leq d(x, y) + d(y, z)$，をみたすときである．KL ダイバージェンス $\mathbb{KL}(p \,\|\, q)$ は，1をみたすが，p と q について対称ではなく，三角不等式もみたさない．

かる指標としてよくもちいられる．KL ダイバージェンスが近さの指標として妥当であるのは，KL ダイバージェンスの重要な性質：

(a) $\mathbb{KL}(p \,\|\, q) \geq 0$（正値性），
(b) 等号が成立するのは $p(\mathbf{x}) = q(\mathbf{x})$ のとき，かつそのときにかぎる（同一性）

による．以下，KL ダイバージェンスの正値性を証明しよう．証明には第 II 部の 4.5.4 項で紹介した凸関数の性質と，以下のイェンセンの不等式をもちいる．

◆ イェンセンの不等式

関数 $f(\mathbf{x})$ は凸とする．このとき，$M \geq 2$ として，任意の $0 \leq \lambda_i \leq 1$，$i = 1, \ldots, M$, ただし，$\lambda_1 + \cdots + \lambda_M = 1$, に対し，数学的帰納法をつかうと，

$$f\left(\sum_{i=1}^{M} \lambda_i \mathbf{x}_i\right) \leq \sum_{i=1}^{M} \lambda_i f(\mathbf{x}_i) \tag{9.3.3}$$

を示すことができる（演習 9.5）．数学的帰納法の基底，$M = 2$, のときは，この式は凸関数の定義そのものである．ここで，λ_i は，$0 \leq \lambda_i \leq 1$ で，$\lambda_1 + \cdots + \lambda_M = 1$ をみたすので，いま，$\mathbf{x}_i$ をそれぞれある値に固定したときの集合 $\{\mathbf{x}_1, \ldots, \mathbf{x}_M\}$ 上の離散確率変数 $\mathbf{x}$ の確率分布として λ_i を解釈することができる．この解釈のもとでは，式 (9.3.3) は

$$f(\mathbb{E}[\mathbf{x}]) \leq \mathbb{E}[f(\mathbf{x})] \tag{9.3.4}$$

と表現できる．連続確率変数 $\mathbf{x}$ に対しても式 (9.3.4) が成りたつことを示すことができ，期待値の定義にしたがって積分をつかって書きくだすと

$$f\left(\int \mathbf{x} p(\mathbf{x})\, d\mathbf{x}\right) \leq \int f(\mathbf{x}) p(\mathbf{x}) d\mathbf{x} \tag{9.3.5}$$

となる．不等式 (9.3.3)，(9.3.4)，(9.3.5) をイェンセンの不等式という．

◆ **KL ダイバージェンスの正値性**

関数 $h(x)$ を凸とし，合成関数 $h(g(\mathbf{x}))$ にイェンセンの不等式 (9.3.4) を適用すると，

$$h(\mathbb{E}[g(\mathbf{x})]) \leq \mathbb{E}[h(g(\mathbf{x}))].$$

対数関数の符号を逆にした $-\ln x$ は凸関数であるから，$h(x) = -\ln x$, $g(\mathbf{x}) = \frac{q(\mathbf{x})}{p(\mathbf{x})}$ とおき，上の不等式をもちいると

$$\mathbb{KL}(p \,\|\, q) = \int p(\mathbf{x}) \ln\left(\frac{p(\mathbf{x})}{q(\mathbf{x})}\right) d\mathbf{x} = \int p(\mathbf{x}) \cdot \left(-\ln\left(\frac{q(\mathbf{x})}{p(\mathbf{x})}\right)\right) d\mathbf{x} \tag{9.3.6}$$

$$\geq -\ln \int p(\mathbf{x}) \frac{q(\mathbf{x})}{p(\mathbf{x})} d\mathbf{x} = -\ln \int q(\mathbf{x})\, d\mathbf{x} = -\ln 1 = 0 \tag{9.3.7}$$

となる．ここで，最後から 2 番めの等式は，$q(\mathbf{x})$ が分布であることをもちいた．これ

で，KL ダイバージェンスが 0 または正であることが示された．ただし，上の正値性の証明は，イェンセンの不等式の典型的な適用例として意味をもつが，このアプローチでは，同一性を示すことはできない．KL ダイバージェンスの同一性，すなわち，$\mathbb{KL}(p \,\|\, q) = 0$ となるのは，$p(\mathbf{x}) = q(\mathbf{x})$ のとき，かつそのときにかぎることを示すには，ほかのアプローチをとることが必要である（演習 9.6）．

◆ スチューデントの t 分布

スチューデントの t 分布（あるいは t 分布）は，実数上で

$$\mathrm{St}(x \mid \mu, \lambda, v) = \frac{\Gamma(\nu/2+1/2)}{\Gamma(\nu/2)}\left(\frac{\lambda}{\pi\nu}\right)^{1/2}\left[1+\frac{\lambda(x-\mu)^2}{\nu}\right]^{-\nu/2-1/2} \tag{9.3.8}$$

と定義される（図 9.3）．ここで，μ と λ, ν はパラメータで，$\Gamma(\cdot)$ はガンマ関数である．t 分布の期待値は

$$\mathbb{E}[x] = \mu, \quad \nu > 1, \tag{9.3.9}$$

分散は

$$\mathbb{V}[x] = \frac{1}{\lambda}\frac{\nu}{\nu-2}, \quad \nu > 2 \tag{9.3.10}$$

であり，自由度とよばれる ν を固定すると，λ の逆数となる．また，$\nu \to \infty$ の極限で t 分布はガウス分布に収束する．

とくに，$\nu = 1$ のときの t 分布は，コーシー分布とよばれ，その確率密度関数は

$$\mathrm{Cauchy}(x \mid \mu, \gamma) = \frac{1}{\pi}\frac{\gamma}{(x-\mu)^2+\gamma^2} \tag{9.3.11}$$

である．図 9.4 に，平均が 0 で $\gamma = 1$ のコーシー分布を標準ガウス分布（平均が 0 で分散が 1 のガウス分布）とともにあげた．

一般に，t 分布（コーシー分布）は，ガウス分布よりも，x が大きくなるときゆっく

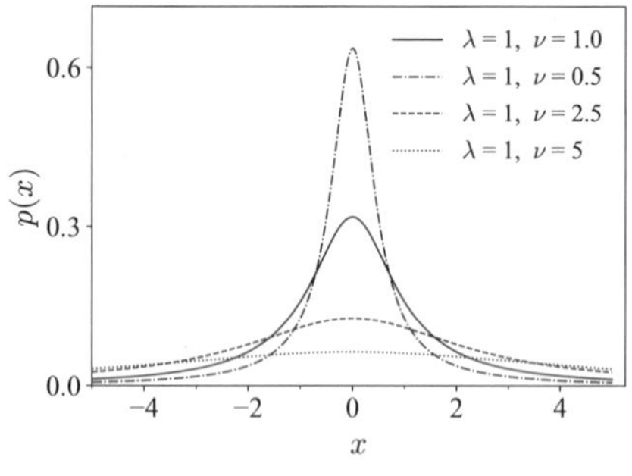

図 9.3　スチューデントの t 分布．実数上の分布で，パラメータ μ は平均を定め，分散はパラメータ λ と ν の兼ねあいで定まり，ν を固定すると，分散は λ の逆数となる．

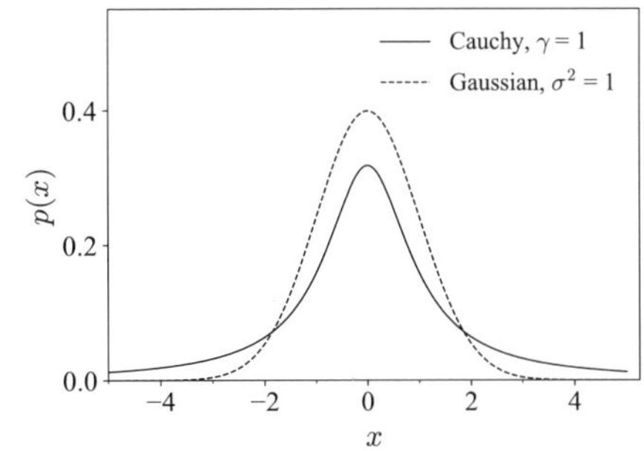

図 9.4　コーシー分布とガウス分布の比較．実線がコーシー分布で，鎖線がガウス分布である．コーシー分布は，パラメータ μ と γ をもつ．コーシー分布は期待値と分散をもたないが，$x = \mu$ に対して対称で，γ は広がりをコントロールする．ガウス分布にくらべ，コーシー分布の裾は厚い．

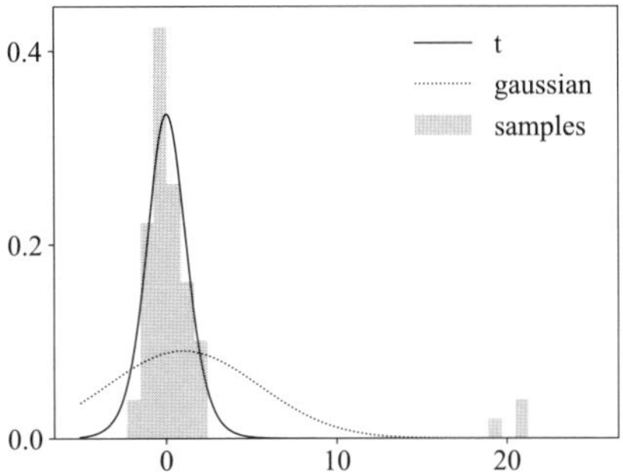

図 9.5　t 分布とガウス分布の最尤推定結果．実線が t 分布で，点線がガウス分布．標準ガウス分布からのサンプルの 60 個と，平均が 20 で分散が 1 のガウス分布からのサンプル 3 個の合計 63 個のサンプルに対して最尤推定した分布．ガウス分布は，3 個のはずれ値のほうに平均が引きよせられ，また，分散がかなり大きくなっているのに対し，t 分布は，標準ガウス分布に近いものになっている．

りと 0 に近づく（t 分布はガウス分布より裾が厚いといわれる）．たとえば，図 9.4 の $x = 4$ のときの確率密度関数値は，コーシー分布が 0.01872 であるのに対し，ガウス分布は 0.000134 である．そのため，パラメータの最尤推定において，はずれ値があるときには，ガウス分布では推定したパラメータ値が大きな影響をうけるのに対し，t 分布を仮定した最尤推定では，はずれ値の影響は小さい[7]．図 9.5 は，はずれ値がある人工デ

[7] t 分布は，はずれ値に対し頑健であるといわれる．

ータに対し，t 分布とガウス分布を最尤推定した結果を示す．ガウス分布は，はずれ値のほうに平均が引きよせられ，また，分散がかなり大きくなっているのに対し，t 分布は，標準ガウス分布に近いものになっている．

9.3.1　t-SNE

t-SNE の基本的考え方は，

(1) ユークリッド空間の距離を，点と点が近くにあれば大きくなる類似度と解釈できる確率に変換し，

(2) 高次元空間中の点と点の類似度としての確率と，それらの点を低次元の潜在空間（埋めこみ空間）に埋めこんだときの確率とが最も似るように高次元空間中の点を埋めこみ空間に写像する

ことにある（図 9.6）．

具体的にのべよう．データを $\mathcal{D} = \{\mathbf{x}_1, \ldots, \mathbf{x}_N\}$ とする．まず，高次元空間中の点 $\mathbf{x}_i$ にとっての点 $\mathbf{x}_j$ の近さの度合いを確率 $p_{j|i}$ で表現する．それは，平均が $\mathbf{x}_i$ のガウス分布をつかって

$$p_{j|i} \equiv \frac{\exp\left(-\dfrac{1}{2\sigma_i^2}\|\mathbf{x}_i - \mathbf{x}_j\|^2\right)}{\displaystyle\sum_{k\neq i}\exp\left(-\dfrac{1}{2\sigma_i^2}\|\mathbf{x}_i - \mathbf{x}_k\|^2\right)}$$

と定義される．ここで，σ_i^2 は，点 $\mathbf{x}_i$ の分散である．この分散は，点 $\mathbf{x}_i$ ごと

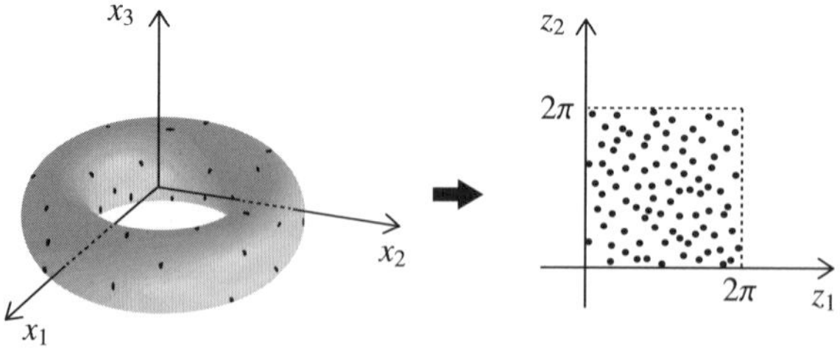

図 **9.6**　高次元空間中の点の低次元の埋めこみ空間への写像の概念図．この図では，3 次元空間中のトーラス面上の点を 2 次元平面へ写像している．

に異なり，高次元空間中で，あたえられたデータ点の密度が高い領域の「スケールを広げる」役割を演じる．すなわち，データ点の密度が高いところでは分散を小さくし，低いところでは分散を大きくする．分散の決定法についてはあとでのべる．

条件つき確率 $p_{j|i}$ は，i と j について非対称なので，$p_{j|i}$ にかえて，対称な形の同時分布

$$p'_{ji} \equiv \frac{\exp\left(-\frac{1}{2\sigma^2}\|\mathbf{x}_i - \mathbf{x}_j\|^2\right)}{\sum_{k<l}\exp\left(-\frac{1}{2\sigma^2}\|\mathbf{x}_k - \mathbf{x}_l\|^2\right)}$$

を仮定すると，最適化計算のための勾配がより簡単になる．しかし，この同時分布を採用すると，高次元のデータ点 $\mathbf{x}_i$ がはずれ値の場合，すべての j に対する p'_{ij} の値が極端に小さくなる．そのため，埋めこみ空間での対応する点 $\mathbf{z}_i$ の誤差関数への寄与がほとんどなくなる．結果として，$\mathbf{z}_i$ の位置がうまく決定されないという問題をはらむ．

そこで，t-SNE では，$p_{j|i}$ をつかって，i と j について対称にした同時確率

$$p_{ji} \equiv \frac{p_{j|i} + p_{i|j}}{2N} \tag{9.3.12}$$

をもちいる．ただし，N はデータ数であり，また，$p_{ii} = 0$ とする．これにより，あとでのべる誤差関数の最適化のための勾配は単純になり，また，すべての $\mathbf{x}_i$ に対し，$\sum_j p_{ji} > \frac{1}{2N}$ が成りたつので，どのデータ点も誤差関数に寄与することになる．しかし，$p_{j|i}$ をもちいた場合には，埋めこみ空間をもとの高次元空間と同一としたとき，データの空間配置は自身への最適な埋めこみとなるが，p_{ji} をもちいるとその性質がなくなることが知られている．

一方，埋めこみ空間では，点 $\mathbf{x}_i$ の埋めこみ空間への像を $\mathbf{z}_i$ としたとき，$\mathbf{z}_i$ にとっての $\mathbf{z}_j$ の近さの度合いを同時確率 q_{ji} とすると，それは，平均を $\mathbf{z}_i$ とし，自由度 $\nu = 1$，精度 $\lambda = 1$ とする t 分布（コーシー分布）をもちいて

$$q_{ji} = \frac{(1 + \|\mathbf{z}_i - \mathbf{z}_j\|^2)^{-1}}{\sum_{k<l}(1 + \|\mathbf{z}_k - \mathbf{z}_l\|^2)^{-1}} \tag{9.3.13}$$

で定義される．ただし，$q_{ii}=0$とする．この分布をもちいることは，埋めこみ空間では点によらない分散（精度$\lambda=1$）を仮定していることになっている．埋めこみ空間において，ガウス分布をもちいずに，t分布をもちいる理由は，ガウス分布をもちいた場合には，高次元空間で遠く離れた2点が，低次元では近くに配置される「詰めこみ問題」(crowding problem)が起きるためである．これは，ガウス分布の裾が急速に0になるため，低次元空間で2点が遠く離れる確率がきわめて小さくなることに起因する．この「詰めこみ問題」を回避するため，t-SNEでは，分布の裾が「重い」，すなわち，平均から離れたところでも密度関数がそれなりに0より大きい値をとるt分布をもちいる．

t-SNEでは，もとの高次元空間中でのあたえられたデータ点間（の近さとしての）同時確率p_{ji}と，埋めこみ空間での同時確率q_{ji}とのKLダイバージェンスが小さくなるように，高次元のデータ点を低次元空間へ埋めこむ．すなわち，データ点がN個あるとし，$P_i=\{p_{1i},\ldots,p_{Ni}\}$, $Q_i=\{q_{1i},\ldots,q_{Ni}\}$とおくと，誤差関数

$$E(\mathbf{Z})=\sum_{i=1}\mathbb{KL}(P_i\,\|\,Q_i)=\sum_{i=1}^{N}\sum_{j=1}^{N}p_{ji}\ln\left(\frac{p_{ji}}{q_{ji}}\right) \tag{9.3.14}$$

を目的関数とし，それを最小にする$\mathbf{Z}=\{\mathbf{z}_1,\ldots,\mathbf{z}_N\}$が求める解となる．この最小化のためには，通常，確率的勾配降下法をもちいる．確率的勾配降下法では，目的関数の勾配が必要であり，誤差関数(9.3.14)の勾配を求めると

$$\nabla_{\mathbf{z}_h}E(\mathbf{Z})=4\sum_{j=1}^{N}(p_{jh}-q_{jh})(\mathbf{z}_h-\mathbf{z}_j)(1+\|\mathbf{z}_h-\mathbf{z}_j\|^2)^{-1} \tag{9.3.15}$$

となる（演習9.7）[8]．この勾配のうち$(p_{jh}-q_{jh})(\mathbf{z}_h-\mathbf{z}_j)$は，埋めこみ先の2点$\mathbf{z}_h,\mathbf{z}_j$を，$p_{jh}>q_{jh}$ならば互いに引きよせ，$p_{jh}<q_{jh}$ならば引き離す効果をもつ．また，$(1+\|\mathbf{z}_h-\mathbf{z}_j\|^2)^{-1}$には，埋めこみ先の2点$\mathbf{z}_h,\mathbf{z}_j$が近くにあ

---

[8] この勾配の式を求めるには，① q_{ji}の式(9.3.13)の分子は，$j=h$または$i=h$のときは$\mathbf{z}_h$に依存するが，それ以外のときには$\mathbf{z}_h$に依存しない，②分母はつねに$\mathbf{z}_h$に依存する，③ p_{ji}は$\mathbf{z}_h$に無関係である，ことに注意する．

るならばあまり動かさず，遠くにある場合には大きく離す効果があり，そのため，クラスタ内ではデータ点が密集し，かつクラスタ間の距離は大きくなる．この $(1+\|\mathbf{z}_h-\mathbf{z}_j\|^2)^{-1}$ は，埋めこみ空間での点の類似度に t 分布をもちいたためにでてきた因子で，ガウス分布をもちいた場合には $(p_{jh}-q_{jh})(\mathbf{z}_h-\mathbf{z}_j)$ だけがでてくる．ただし，誤差関数 (9.3.14) は凸ではないので，勾配法でみつかった解が最適解とはかぎらない．そのため，初期値をランダムにふりなおして，繰りかえし最適解の候補を計算する必要がある．とりわけ，t-SNE は高次元データの可視化にもちいられることが多く，その場合には，適切な 2 次元（ないしは 3 次元）表現がみつかるまで初期値をふりなおしては計算を繰りかえす．

図 9.7 は，サイズが 8×8 の手書き数字の画像（64 次元）1797 枚を，PCA で 2 次元に埋めこんだ表示と，t-SNE で 2 次元に埋めこんだ表示である．数字のちがいを点の濃淡で示している．PCA による 2 次元表示では，異なる数字の重なりが多く見られるのに対し，t-SNE による埋めこみ表示では，数字ごとにグループ化がおこなわれ，うまく分離できている．

最後に，高次元空間での確率を定義したときにでてきた分散 σ_i の決めかたをのべよう．まず，上にでてきた $P_i=\{p_{1i},\ldots,p_{Ni}\}$ は，高次元空間での点 $\mathbf{x}_i$ に対するほかの点の相対配置の確率分布（ただし正規化されていない）であることを注意しておく．さきにものべたように，データが密集しているところでは σ_i を小さく，逆に，まばらなところでは σ_i を大きく設定する．そのため，t-SNE では，高次元空間で点 $\mathbf{x}_i$ に対する他点の相対配置のエントロピー

$$\mathbb{H}(P_i)=-\sum_{j=1}^{N}p_{ji}\log_2 p_{ji} \tag{9.3.16}$$

がすべてのデータ点 $\mathbf{x}_i,\ldots,\mathbf{x}_N$ で同一になるように σ_i を決める．これは，各点がもつ，他点との近さに関する平均の情報量をそろえることにあたる．エントロピーが同じ値をとることにより，密なところにある点 $\mathbf{x}_k$ の分散 σ_k は，疎なところにある点 $\mathbf{x}_l$ の σ_l より大きくなる．

具体的に σ_i を決めるためには，このエントロピーの値を人為的に定める必要がある．ただし，エントロピーの値を直接あたえるのではなく，

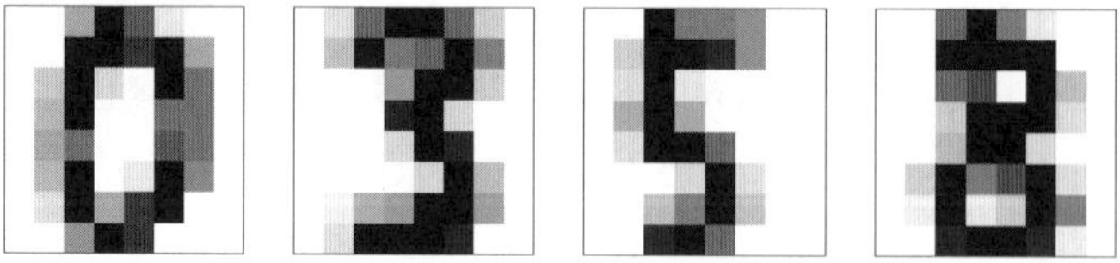

(a) 手書きの数字の例．8×8 のサイズの画像．

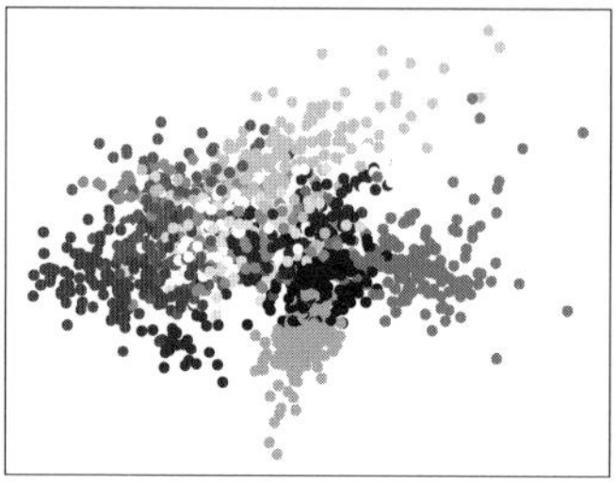

(b) PCA.

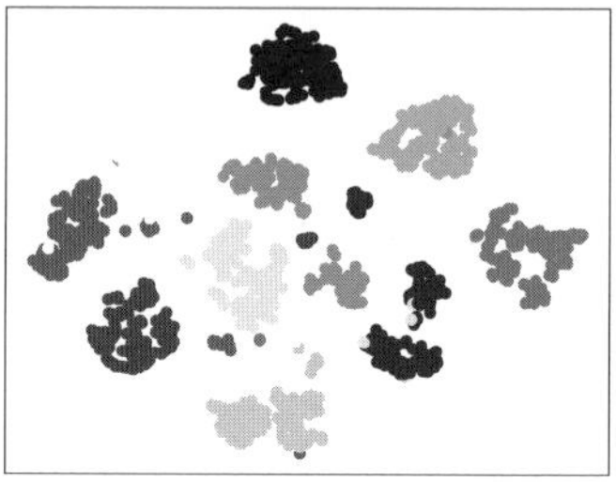

(c) t-SNE.

図 **9.7**　手書き数字の画像（サイズ 8×8）に対する PCA と t-SNE による 2 次元埋めこみ表示．点の濃淡は数字のちがいを示している．それぞれ約 180 枚ずつある 0 から 9 の手書き画像 1797 枚から 898 枚をランダムに抽出した．Scikit-learn 1.01 の例プログラムを改変．t-SNE のパープレキシティは 10 とし，初期配置は PCA の結果をもちいた．

$$\mathbb{P}_{erplexity}(P_i) \equiv 2^{\mathbb{H}(P_i)}$$

で定義されるパープレキシティの値をあたえる．それは，パープレキシティが，近傍にある点の実効的な数と解釈できるため，設定しやすいからである．パープレキシティのこの解釈の妥当性は，たとえば，以下のように考えれば納得されよう．まず，エントロピー (9.3.16) において，点 $\mathbf{x}_i$ から遠くにある $\mathbf{x}_j$ は，ガウス分布の密度値 p_{ji} がほとんど 0 であるので和の計算で無視する．残りの点を近傍と考え，それらの数を M としよう．簡単のため，その M 個の点について p_{ji} は等しいとすると，$p_{ji} = 1/M$ である．このとき，エントロピー (9.3.16) は，$-(1/M)\sum_{j=1}^{M} \log_2 1/M = \log_2 M$ となる．よって，パープレキシティは，$2^{\log_2 M} = M$ となり，これはすなわち近傍の点の数である．

図 9.8 は，3 次元空間中の単位球面上にランダムに配置した 1000 点を，t-SNE をもちいて 2 次元に埋めこみ，表示したものである．単位球面上の各点

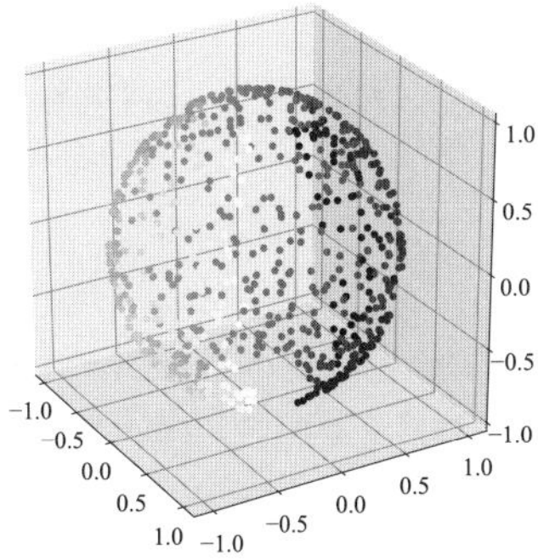

(a) 3 次元空間中の球面上の点.

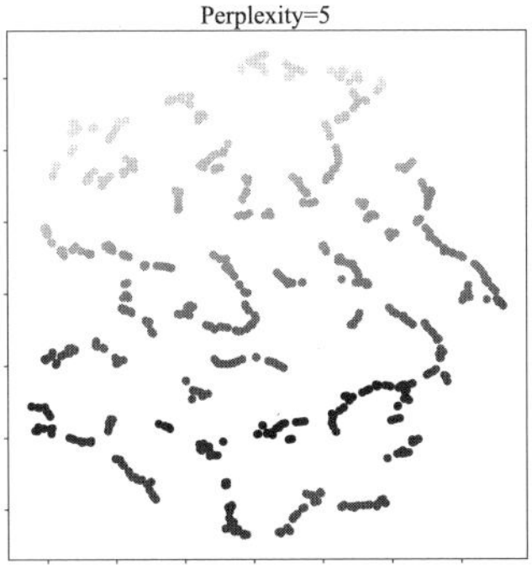

(b) パープレキシティ = 5.

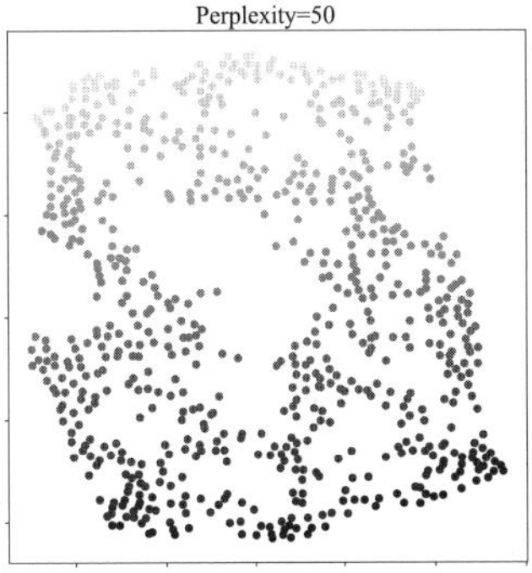

(c) パープレキシティ = 50.

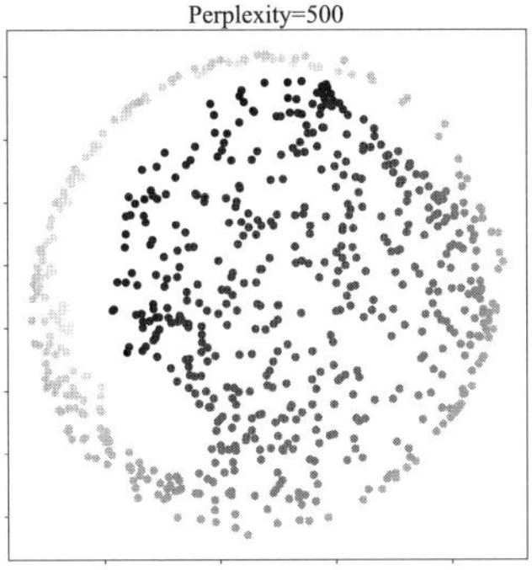

(d) パープレキシティ = 500.

図 9.8　3 次元空間中の単位球面上にランダムに配置された 1000 点の t-SNE による 2 次元埋めこみ表示. (a) はもとの球面上の点. (b), (c), (d) は, t-SNE での 2 次元圧縮表示で, パープレキシティをそれぞれ 5, 50, 500 に設定. Scikit-learn 1.01 の例プログラムを改変. PCA の結果を初期配置とした.

は, 1 つの極は黒, その反対の極は白とし, その 2 つの極をむすぶ軸に対し垂直に輪切りした円上では同じ濃淡で, 黒の極から離れるにしたがってうすい灰色で表現されている. パープレキシティの値により, 埋めこみ空間中の点の配置が大きくかわり, とりわけ, パープレキシティが 500 のときには, ミカンの皮をむくように, 1 つの極に穴をあけて球を切りひらいたような表示になっている.

演習問題

演習 9.1（経験共分散行列の正値性）　データ $\mathbf{x}_1, \ldots, \mathbf{x}_N$ に対し，それらの平均を $\bar{\mathbf{x}}$ とする．データの経験共分散行列

$$\boldsymbol{\Sigma} = \frac{1}{N}\sum_{n=1}^{N}(\mathbf{x}_n - \bar{\mathbf{x}})(\mathbf{x}_n - \bar{\mathbf{x}})^{\mathrm{T}}$$

は半正定値対称行列である，すなわち，$\boldsymbol{\Sigma}$ は対称行列で，任意の $\mathbf{x} \neq \mathbf{0}$ に対し，$\mathbf{x}^{\mathrm{T}}\boldsymbol{\Sigma}\mathbf{x} \geq 0$ が成立することを示せ．半正定値性から，経験共分散行列の固有値は 0 または正であることがわかる．

演習 9.2（高次元データに対する主成分分析）　経験共分散行列を $\mathbf{X}$ としたとき，$\frac{1}{N}\mathbf{X}\mathbf{X}^{\mathrm{T}}$ の固有値を対角成分とする対角行列を $\boldsymbol{\Lambda}$ とし，対応する固有ベクトルを列にならべた直交行列を $\mathbf{U}$ とする．また，$\mathbf{V} = \mathbf{X}^{\mathrm{T}}\mathbf{U}$ とする．このとき，

$$\hat{\mathbf{U}} = \frac{1}{\sqrt{N}}\mathbf{V}\boldsymbol{\Lambda}^{-\frac{1}{2}} = \frac{1}{\sqrt{N}}\mathbf{X}^{\mathrm{T}}\mathbf{U}\boldsymbol{\Lambda}^{-\frac{1}{2}}$$

は，行列 $\frac{1}{N}\mathbf{X}^{\mathrm{T}}\mathbf{X}$ の固有ベクトルを列にならべた直交行列である．

(1) この行列の第 i 列を $\hat{\mathbf{u}}_i$ とする．$\hat{\mathbf{u}}_i$ を，$\mathbf{X}$ と $\mathbf{U}$ の第 i 列 $\mathbf{u}_i$ をつかって書きくだせ．

(2) $\{\hat{\mathbf{u}}_i\}$ は正規直交系であることを内積をとることにより示せ．

演習 9.3（データの標準化）　データを $\mathbf{x}_1, \ldots, \mathbf{x}_N$ とする．

(1) 各成分の平均が 0 で分散が 1 である $\hat{\mathbf{x}}_1, \ldots, \hat{\mathbf{x}}_N$ にデータを線形変換したい．その線形変換を示せ．この線形変換は，データの**標準化**とよばれる．

(2) 標準化されたデータの（経験）共分散行列の (i, j) 成分を示せ．この行列の成分は，もとのデータの**相関係数**とよばれる．

単位が異なる複数の組からデータが構成される場合には，標準化をおこなうことが普通である．ただし，一般に，データに標準化をほどこしても，データの成分間の相関係数は 0 にはならない．

演習 9.4（データの白色化）　データを $\mathbf{x}_1, \ldots, \mathbf{x}_N$ とし，経験共分散行列を $\boldsymbol{\Sigma}$ としたとき，$\boldsymbol{\Sigma}$ の固有値 λ_i を対角にならべた対角行列を $\boldsymbol{\Lambda}$ とし，λ_i の固有ベクトル $\mathbf{u}_i$ を列にならべた直交行列を $\mathbf{U}$ としよう．すなわち，

$$\boldsymbol{\Sigma}\mathbf{U} = \mathbf{U}\boldsymbol{\Lambda}.$$

データ点 $\mathbf{x}_n$ に対し，**白色化**とよばれる線形変換

$$\mathbf{y}_n = \boldsymbol{\Lambda}^{-\frac{1}{2}}\mathbf{U}^{\mathrm{T}}(\mathbf{x}_n - \boldsymbol{\mu})$$

を考える．ただし，$\boldsymbol{\mu}$ は，$\boldsymbol{\mu} = \frac{1}{N}\sum_{n=1}^{N}\mathbf{x}_n$ で定義されるサンプル平均であり，$\boldsymbol{\Lambda}^{-\frac{1}{2}}$

は，対角要素が $\frac{1}{\sqrt{\lambda_i}}$ の対角行列である．

(1) $\mathbf{y}_1, \ldots, \mathbf{y}_N$ の平均は $\mathbf{0}$ であることを示せ．
(2) $\mathbf{y}_1, \ldots, \mathbf{y}_N$ の共分散行列は単位行列であることを示せ．

データに白色化をほどこすと，データの各成分の平均は 0 で，分散が 1 になるだけでなく，データの成分間の相関係数は 0 になる．

演習 9.5（イェンセンの不等式） 関数 $f(\mathbf{x})$ を凸とし，$M \geq 2$ を整数とする．このとき，任意の $0 \leq \lambda_i \leq 1$，$i = 1, \ldots, M$, ただし，$\lambda_1 + \cdots + \lambda_M = 1$, に対し

$$f\left(\sum_{i=1}^{M} \lambda_i \mathbf{x}_i\right) \leq \sum_{i=1}^{M} \lambda_i f(\mathbf{x}_i) \tag{9.3.3}$$

が成りたつことを示せ．

演習 9.6（KL ダイバージェンスの同一性） KL ダイバージェンス

$$\mathbb{KL}(p \,\|\, q) \equiv \int p(\mathbf{x}) \cdot (\ln p(\mathbf{x}) - \ln q(\mathbf{x}))\, d\mathbf{x} = \int p(\mathbf{x}) \cdot \ln\left(\frac{p(\mathbf{x})}{q(\mathbf{x})}\right) d\mathbf{x} \tag{9.3.2}$$

において，等号が成立するのは $p(\mathbf{x}) = q(\mathbf{x})$ のとき，かつそのときにかぎることを示そう．

(1) 関数 $f(z) = z - 1 - \ln z$ $(z > 0)$ を考える．$f(z) \geq 0$ であり，等号が成りたつのは $z = 1$ のとき，かつそのときにかぎることを示せ．
(2) 2 つの分布 $p(\mathbf{x}), q(\mathbf{x})$ は，考える領域において正かつ連続であると仮定する．$z = \dfrac{q(\mathbf{x})}{p(\mathbf{x})}$ とおき，1 をつかって，$\mathbb{KL}(p \,\|\, q) \geq 0$ を示し，さらに，等号が成立するのは $p(\mathbf{x}) = q(\mathbf{x})$ のとき，かつそのときにかぎることを示せ．

演習 9.7（t-SNE の誤差関数の勾配） データ点 $\mathbf{x}_1, \ldots, \mathbf{x}_N$ に対し，t-SNE での埋めこみ先の点を，それぞれ $\mathbf{z}_1, \ldots, \mathbf{z}_N$ とし，$\mathbf{Z} = \{\mathbf{z}_1, \ldots, \mathbf{z}_N\}$ とする．

$$p_{ji} \equiv \frac{p_{j|i} + p_{i|j}}{2N},$$

ただし，$p_{ii} = 0$ で，

$$p_{j|i} \equiv \frac{\exp\left(-\dfrac{1}{2\sigma_i^2}\|\mathbf{x}_i - \mathbf{x}_j\|^2\right)}{\displaystyle\sum_{k \neq i} \exp\left(-\dfrac{1}{2\sigma_i^2}\|\mathbf{x}_i - \mathbf{x}_k\|^2\right)}$$

とし，

$$q_{ji} = \frac{(1 + \|\mathbf{z}_i - \mathbf{z}_j\|^2)^{-1}}{\displaystyle\sum_{k<l}(1 + \|\mathbf{z}_k - \mathbf{z}_l\|^2)^{-1}},$$

ただし，$q_{ii} = 0$ とする．$P_i = \{p_{1i}, \ldots, p_{Ni}\}$，$Q_i = \{q_{1i}, \ldots, q_{Ni}\}$ とおいたとき，誤差関数

$$E(\mathbf{Z}) = \sum_{i=1} \mathbb{KL}(P_i \,\|\, Q_i) = \sum_{i=1}^{N} \sum_{j=1}^{N} p_{ji} \ln \left(\frac{p_{ji}}{q_{ji}} \right) \tag{9.3.14}$$

の勾配は

$$\nabla_{\mathbf{z}_h} E(\mathbf{Z}) = 4 \sum_{j=1}^{N} (p_{jh} - q_{jh})(\mathbf{z}_h - \mathbf{z}_j)(1 + \|\mathbf{z}_h - \mathbf{z}_j\|^2)^{-1} \tag{9.3.15}$$

となることを示せ．

ヒント：(1) q_{ji} の分子は，$j = h$ または $i = h$ のとき $\mathbf{z}_h$ に依存するが，それ以外のときには $\mathbf{z}_h$ に依存しない．一方，分母はつねに $\mathbf{z}_h$ に依存する．

(2) p_{ji} は $\mathbf{z}_h$ に無関係であり，また，$\sum_{i=1}^{N} \sum_{j=1}^{N} p_{ji} = 2$ が成りたつ．

第10章　混合ガウス分布とEMアルゴリズム

10.1　はじめに

データ集合に，複数のかたまりが現われる場合は多い．17 歳の日本人 30 名の身長と体重のデータ[1)]をみてみよう（図 10.1）．横軸は身長で，縦軸は体重である．2 つのかたまりにデータがわかれることがみてとれる．また，図には，最尤推定した単一ガウス分布の等高線も描かれている．分布の中央，確率密度が最も大きいところのデータは疎であり，単峰性のガウス分布ではデータ

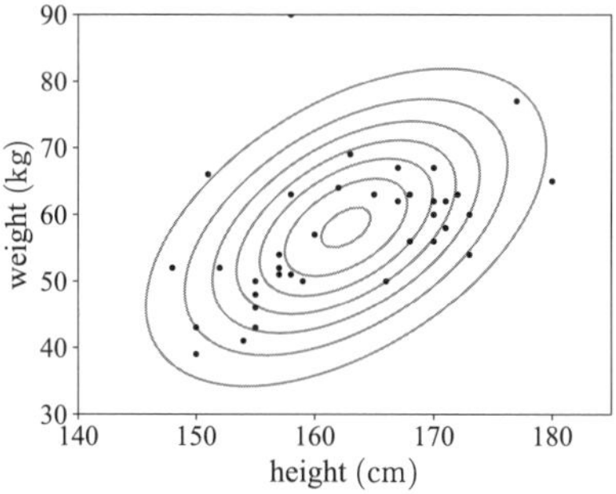

図 10.1　17 歳の日本人 30 人の身長と体重の組と，最尤推定によるガウス分布の等高線．データは，日本政府統計ポータルサイトにある 2018 年の学校保健統計調査（政府統計コード：00400002）をもとに作成

1) http://www.mext.go.jp/b_menu/toukei/chousa05/hoken/1268826.htm

の特徴をとらえることができない．

本章では，多峰性の分布に対応するときにしばしば仮定される混合ガウス分布を紹介する．また，データから混合ガウス分布のパラメータを推定するときにもちいられる EM アルゴリズムも紹介する．EM アルゴリズムは，潜在変数をふくむ確率モデルの最尤推定（の近似）解を求める強力なアルゴリズムである．

10.2　混合ガウス分布

混合ガウス分布は，複数のかたまりに対応した複数のガウス分布で表現される1つの分布である．図 10.2 には，図 10.1 に示されたデータに対する2つのガウス分布の混合

$$p(\mathbf{x}) = \pi_1 \mathcal{N}(\mathbf{x} \mid \boldsymbol{\mu}_1, \boldsymbol{\Sigma}_1) + \pi_2 \mathcal{N}(\mathbf{x} \mid \boldsymbol{\mu}_2, \boldsymbol{\Sigma}_2)$$

が描かれている．この混合ガウス分布は，データの2つのかたまりそれぞれに「あう」ガウス分布からなっており，データのちらばりをよくとらえている．もう，おわかりかと思うが，図 10.1 に示したデータは，男女 15 名ずつのデータであり，いくつかの例外をのぞくと，図中真ん中より左下は女子のデータ点，右上は男子のデータ点である．

混合ガウス分布を定式化しよう．混合ガウス分布は

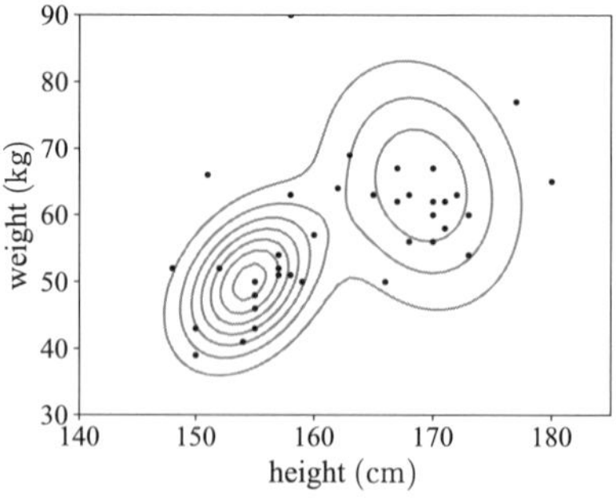

図 **10.2**　混合ガウス分布の例．確率密度関数を等高線で示した．図中のデータ点は，図 10.1 のものと同じ．

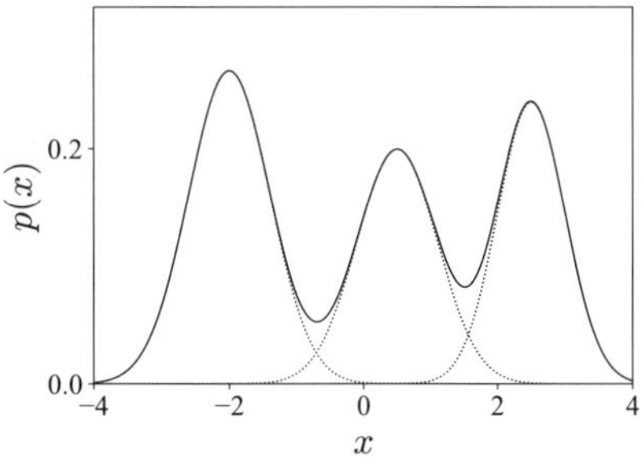

図 10.3　1 次元混合ガウス分布の例．3 つの混合要素（点線）と，それらから構成される混合ガウス分布（実線）を示す．

$$
\begin{aligned}
p(\mathbf{x}) &= \pi_1 \mathcal{N}(\mathbf{x} \mid \boldsymbol{\mu}_1, \boldsymbol{\Sigma}_1) + \cdots + \pi_K \mathcal{N}(\mathbf{x} \mid \boldsymbol{\mu}_K, \boldsymbol{\Sigma}_K) \\
&= \sum_{k=1}^{K} \pi_k \mathcal{N}(\mathbf{x} \mid \boldsymbol{\mu}_k, \boldsymbol{\Sigma}_k)
\end{aligned}
$$

で定義される．ここで，$\pi_k,\ k = 1, \ldots, K$，は，**混合係数**とよばれるスカラーで

$$
\pi_1 + \cdots + \pi_K = \sum_{k=1}^{K} \pi_k = 1
$$

をみたす．また，$\mathcal{N}(\mathbf{x} \mid \boldsymbol{\mu}_k, \boldsymbol{\Sigma}_k)$ は**混合要素**（一つひとつがガウス分布）とよばれる．混合ガウス分布は，混合係数を重みとしてガウス分布を線形結合した分布である．図 10.3 に，3 つの混合要素をもつ 1 次元混合ガウス分布の例を示す．また，図 10.4 に，3 つの混合要素をもつ 2 次元混合ガウス分布の例を示す．

混合係数は以下の性質をもつ．すなわち，

(1) $\displaystyle \int p(\mathbf{x})\, d\mathbf{x} = \sum_k \pi_k \int \mathcal{N}(\mathbf{x} \mid \boldsymbol{\mu}_k, \boldsymbol{\Sigma}_k)\, d\mathbf{x} = \sum_{k=1}^{K} \pi_k = 1.$

最後から 2 番目の等式は，$\int \mathcal{N}(\mathbf{x} \mid \boldsymbol{\mu}_k, \boldsymbol{\Sigma}_k)\, d\mathbf{x}$ は 1 であることに注意すればよい．

(2) $0 \le \pi_k \le 1.$

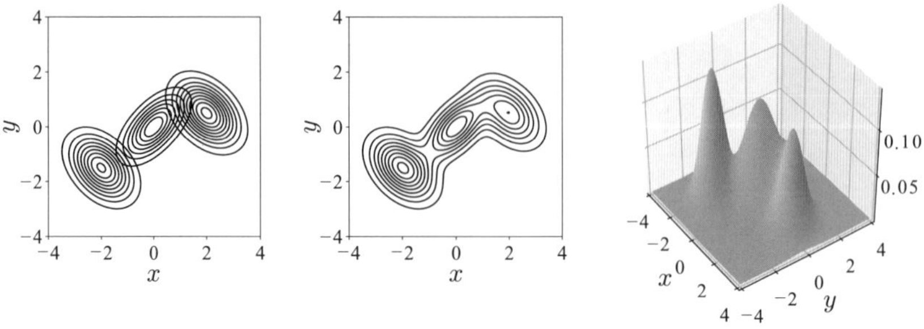

(a) 混合要素の等高線.　(b) 混合分布の等高線.　(c) 混合ガウス分布.

図 **10.4**　2 次元混合ガウス分布の例．混合要素はガウス分布.

$\mathcal{N}(\mathbf{x} \mid \boldsymbol{\mu}_k,\, \boldsymbol{\Sigma}_k) \geq 0$ であるから $p(\mathbf{x}) \geq 0$ のためには $0 \leq \pi_k \leq 1$ であることが必要.

(3) $\pi_k = p(k)$ は確率としての意味をもつ.

混合係数 π_k の総和が 1 で，π_k のとる値の区間が [0, 1] であるから.

混合ガウス分布のパラメータは，$\boldsymbol{\pi} \equiv \{\pi_1,\, \ldots,\, \pi_K\}$, $\boldsymbol{\mu} \equiv \{\boldsymbol{\mu}_1,\, \ldots,\, \boldsymbol{\mu}_K\}$, $\boldsymbol{\Sigma} \equiv \{\boldsymbol{\Sigma}_1,\, \ldots,\, \boldsymbol{\Sigma}_K\}$ であり，パラメータの総数は $K + \dfrac{D(D+3)}{2} \times K$ となる．混合ガウス分布の学習では，データからこれだけのパラメータを推定する必要がある.

あたえられたデータ集合を $\mathbf{X} = \{\mathbf{x}_1,\, \ldots,\, \mathbf{x}_N\}$ とすると，対数尤度関数は

$$\ln p(\mathbf{X} \mid \boldsymbol{\pi},\, \boldsymbol{\mu},\, \boldsymbol{\Sigma}) = \sum_{n=1}^{N} \ln \left\{ \sum_{k=1}^{K} \pi_k \mathcal{N}(\mathbf{x}_n \mid \boldsymbol{\mu}_k,\, \boldsymbol{\Sigma}_k) \right\}$$

となる．最尤推定でパラメータを決めるためには，この式をパラメータで微分して 0 とおいた方程式をとく必要がある．しかし，対数の中に和があるのでその方程式を解析的にとくのは困難である．そのため，解を数値的に求めることになる．その方法の 1 つが **EM** アルゴリズムである．混合ガウス分布のパラメータの最尤推定解を EM アルゴリズムで求めるためには，潜在変数とよばれる確率変数を導入し，データを表現する変数（観測変数）との同時確率を

もちいて混合ガウス分布を表現する必要がある．

なお，ガウス分布とはかぎらない K 個の分布 p_k を混合要素とする混合分布 $p(\mathbf{x})$ も，混合ガウス分布と同じように考えることができる．すなわち，

$$p(\mathbf{x}) = \pi_1 p_1(\mathbf{x}) + \cdots + \pi_K p_K(\mathbf{x}) = \sum_{k=1}^{K} \pi_k p_k(\mathbf{x}),$$

ただし，

$$\pi_1 + \cdots + \pi_K = \sum_{k=1}^{K} \pi_k = 1$$

をみたすとする．やはり，**混合係数**とよばれる $\pi_1, \ldots, \pi_K$ は，混合ガウス分布についてのべた性質をもつ．

10.3 潜在変数

10.3.1 潜在変数による混合要素の指定

データを表現する確率変数とはべつに，観測されない確率変数，**潜在変数**，を導入すると，データの生成過程をより簡単にかつ直感的に表現できることがある．潜在変数と区別するために，観測されるデータを表現する確率変数のことを**観測変数**とよぶ．以下では，観測変数を $\mathbf{x}$，潜在変数を $\mathbf{z}$ とかくことが多い．

さて，K 個の峰をもつ混合ガウス分布 $p(\mathbf{x})$ にしたがってデータが生成されるとする．データ $\mathbf{x}$ は，K 個のガウス分布のうちの 1 つを選び，選ばれたガウス分布にしたがった確率で生成されると考える．あるいはより一般的に，K 個の分布を混合要素とする混合分布 $p(\mathbf{x})$ にしたがうデータ $\mathbf{x}$ は，K 個の混合要素のうちの 1 つを選び，選ばれた分布にしたがった確率で生成されると考える．ただし，どの混合要素が選ばれるかも確率的に決まるとする．

どの混合要素が選ばれるか，また，いかなる確率で選ばれるかを表現するため，潜在変数 $\mathbf{z}$ を導入する（図 10.5）．$\mathbf{z}$ がとる値は，one-hot 表現をもちいて，たとえば，k 番目の分布からデータが生成されるとき，z_k だけが 1 で，ほかの z_i は 0 であるとする．すなわち，

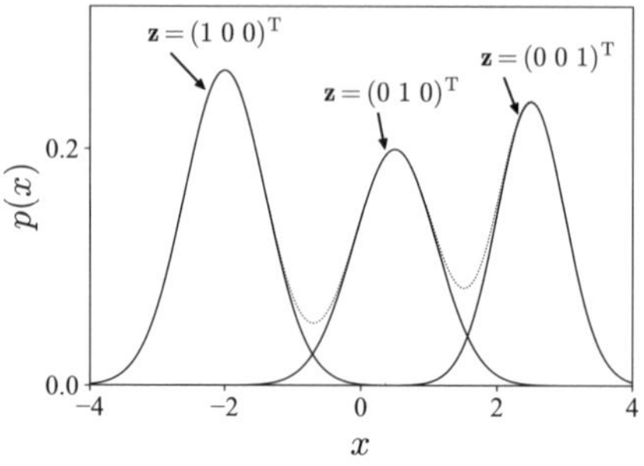

図 10.5　潜在変数による混合要素の指定.

$$\mathbf{z} = \begin{pmatrix} z_1 \\ \vdots \\ z_{k-1} \\ z_k \\ z_{k+1} \\ \vdots \\ z_K \end{pmatrix} = \begin{pmatrix} 0 \\ \vdots \\ 0 \\ 1 \\ 0 \\ \vdots \\ 0 \end{pmatrix}.$$

潜在変数は確率変数であることに注意してほしい.

10.3.2　潜在変数による混合ガウス分布の表現

K 個の（単峰性）ガウス分布を混合要素とする混合ガウス分布を考えよう. k 番めのガウス分布が確率 $p(z_k = 1)$ で選ばれ, かつ, 平均が $\boldsymbol{\mu}_k$ で共分散行列が $\boldsymbol{\Sigma}_k$ のガウス分布から確率 $\mathcal{N}(\mathbf{x} \mid \boldsymbol{\mu}_k, \boldsymbol{\Sigma}_k)$ で $\mathbf{x}$ が生成される確率は $p(z_k = 1) \times \mathcal{N}(\mathbf{x} \mid \boldsymbol{\mu}_k, \boldsymbol{\Sigma}_k)$ である. データ $\mathbf{x}$ は, 1 番めのガウス分布が選ばれ, その分布から生成されるか, 2 番めのガウス分布が選ばれ, その分布から生成されるか, …, K 番めのガウス分布が選ばれ, その分布から生成されるか, のいずれかであるから, $\pi_k \equiv p(z_k = 1)$ とおけば, $\mathbf{x}$ が生成される確率は

$$p(\mathbf{x}) = \sum_{k=1}^{K} p(z_k = 1)\mathcal{N}(\mathbf{x} \mid \boldsymbol{\mu}_k, \boldsymbol{\Sigma}_k) = \sum_{k=1}^{K} \pi_k \mathcal{N}(\mathbf{x} \mid \boldsymbol{\mu}_k, \boldsymbol{\Sigma}_k)$$

と表わされる．これは，確率 $p(z_k = 1)$ を混合係数 π_k とした混合ガウス分布である．このように，潜在変数を導入することによって，混合ガウス分布にしたがうデータの生成過程が明確になり直感的に把握しやすくなる．

以上を定式化しよう．混合係数を

$$\begin{cases} p(z_1 = 1) = \pi_1, \\ \quad\quad \vdots \\ p(z_K = 1) = \pi_K \end{cases}$$

とすると，z_1 から z_K のうち，ただ 1 つだけ 1 で，あとは 0 であるから，混合係数をまとめて，潜在変数 $\mathbf{z}$ の確率として

$$p(\mathbf{z}) = \pi_1^{z_1} \times \cdots \times \pi_K^{z_K} = \prod_{k=1}^{K} \pi_k^{z_k}$$

とかくことができる．同様に，混合要素を

$$\begin{cases} p(\mathbf{x} \mid z_1 = 1) = \mathcal{N}(\mathbf{x} \mid \boldsymbol{\mu}_1, \boldsymbol{\Sigma}_1), \\ \quad\quad \vdots \\ p(\mathbf{x} \mid z_K = 1) = \mathcal{N}(\mathbf{x} \mid \boldsymbol{\mu}_K, \boldsymbol{\Sigma}_K) \end{cases}$$

とすると，まとめて

$$p(\mathbf{x} \mid \mathbf{z}) = \prod_{k=1}^{K} \mathcal{N}(\mathbf{x} \mid \boldsymbol{\mu}_k, \boldsymbol{\Sigma}_k)^{z_k}$$

とかくことができる．よって，

$$\mathcal{Z}_{oh} \equiv \left\{ \begin{pmatrix} 1 \\ 0 \\ \vdots \\ 0 \end{pmatrix}, \begin{pmatrix} 0 \\ 1 \\ \vdots \\ 0 \end{pmatrix}, \cdots, \begin{pmatrix} 0 \\ 0 \\ \vdots \\ 1 \end{pmatrix} \right\}$$

としたとき

$$p(\mathbf{x}) = \sum_{\mathbf{z} \in \mathcal{Z}_{oh}} p(\mathbf{x}, \mathbf{z}) = \sum_{\mathbf{z} \in \mathcal{Z}_{oh}} p(\mathbf{x} \mid \mathbf{z})\, p(\mathbf{z}) = \sum_{\mathbf{z} \in \mathcal{Z}_{oh}} \prod_{k=1}^{K} \{\pi_k \mathcal{N}(\mathbf{x} \mid \boldsymbol{\mu}_k, \boldsymbol{\Sigma}_k)\}^{z_k}$$

と表現できる．ただし，1つめの等号は周辺化，2つめの等号は条件つき確率の定義による．観測変数 $\mathbf{x}$ と潜在変数 $\mathbf{z}$ の同時確率で混合ガウス分布が表現されたので，EMアルゴリズムをつかってパラメータの最尤推定をする準備ができた．ただし，EMアルゴリズムの解説の前に，あとで必要になる負担率を定義しておく．なお，潜在変数 $\mathbf{z}$ がone-hot表現であることに注意すると，最右辺は

$$\sum_{k=1}^{K} \pi_k \mathcal{N}(\mathbf{x} \mid \boldsymbol{\mu}_k, \boldsymbol{\Sigma}_k)$$

と同じものであることがわかる（演習10.1）．

10.3.3　負担率：潜在変数の事後確率

データ $\mathbf{x}$ があたえられたもとでの潜在変数の確率，つまり，潜在変数の事後確率を**負担率**という．混合ガウス分布の場合，負担率は以下の式で表わされる．すなわち，混合係数を $\pi_k \equiv p(z_k = 1)$ として，混合要素は $p(\mathbf{x} \mid z_k = 1) = \mathcal{N}(\mathbf{x} \mid \boldsymbol{\mu}_k, \boldsymbol{\Sigma}_k)$ であるから，ベイズの定理により

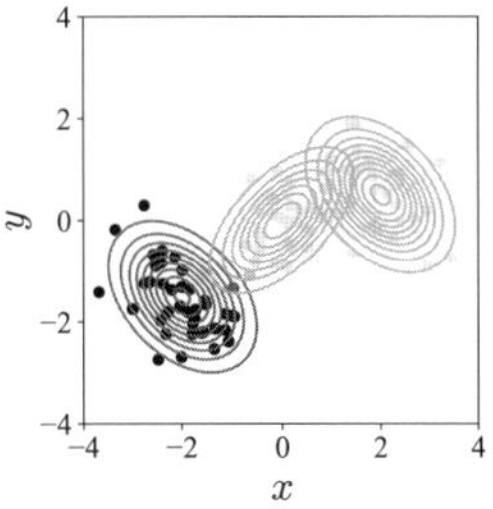

(a) 一番左の混合成分.

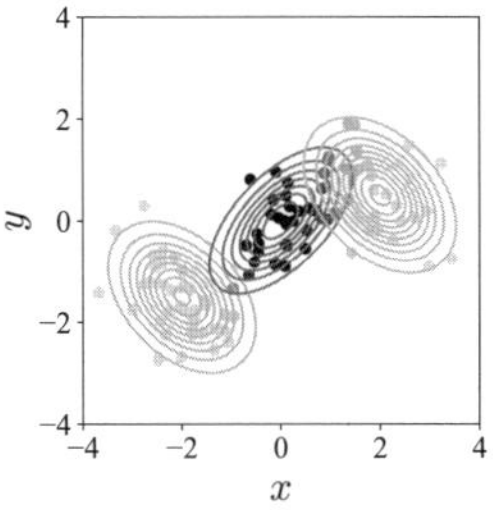

(b) 真ん中の混合成分.

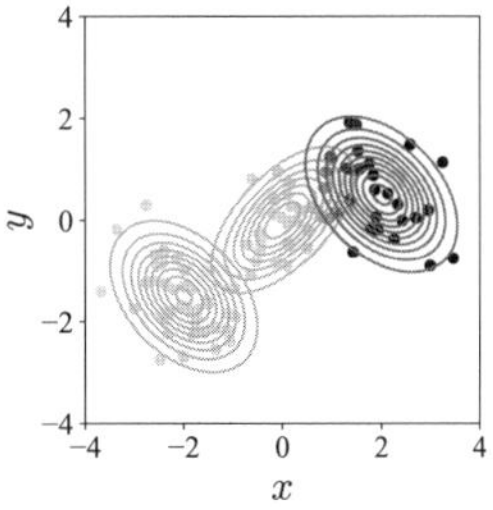

(c) 一番右の混合成分.

図 10.6 3 つの混合要素からなる混合ガウス分布のデータに対する負担率. データ点に対する各混合成分の負担率をグレースケールで表わす. 黒に近いほど混合成分が大きい.

$$\gamma(z_k) \equiv p(z_k = 1 \mid \mathbf{x}) = \frac{p(z_k = 1)p(\mathbf{x} \mid z_k = 1)}{\displaystyle\sum_{j=1}^{K} p(z_j = 1)p(\mathbf{x} \mid z_j = 1)}$$
$$= \frac{\pi_k \mathcal{N}(\mathbf{x} \mid \boldsymbol{\mu}_k, \boldsymbol{\Sigma}_k)}{\displaystyle\sum_{j=1}^{K} \pi_j \mathcal{N}(\mathbf{x} \mid \boldsymbol{\mu}_j, \boldsymbol{\Sigma}_j)}$$

となる. 負担率は,「K 個の混合要素のうち, 混合要素 k がデータ $\mathbf{x}$ の生成をになう割合」と解釈できる (図 10.6).

10.4 EM アルゴリズム

10.4.1 混合ガウス分布の最尤推定の困難性

観測データ $\mathbf{x}_1, \ldots, \mathbf{x}_N$ をまとめ $\mathbf{X} = \{\mathbf{x}_1, \ldots, \mathbf{x}_N\}$ とおく. 混合ガウス分布の推定すべきパラメータも, まとめて

$$\boldsymbol{\pi} \equiv \{\pi_1, \ldots, \pi_K\}, \quad \boldsymbol{\mu} \equiv \{\boldsymbol{\mu}_1, \ldots, \boldsymbol{\mu}_K\}, \quad \boldsymbol{\Sigma} \equiv \{\boldsymbol{\Sigma}_1, \ldots, \boldsymbol{\Sigma}_K\}$$

とおくと, 尤度関数は

$$p(\mathbf{X} \mid \boldsymbol{\pi}, \boldsymbol{\mu}, \boldsymbol{\Sigma}) = \prod_{n=1}^{N} \left(\sum_{k=1}^{K} \pi_k \mathcal{N}(\mathbf{x}_n \mid \boldsymbol{\mu}_k, \boldsymbol{\Sigma}_k) \right)$$

となる．したがって，対数尤度関数は

$$\ln p(\mathbf{X} \mid \boldsymbol{\pi}, \boldsymbol{\mu}, \boldsymbol{\Sigma}) = \sum_{n=1}^{N} \ln \left\{ \sum_{k=1}^{K} \pi_k \mathcal{N}(\mathbf{x}_n \mid \boldsymbol{\mu}_k, \boldsymbol{\Sigma}_k) \right\}$$

である．対数の中に和がある形になっているので，パラメータに関して微分すると複雑な式となり，それを0とおいた方程式を解析的にといて最尤解を求めるのは困難である．それゆえ，勾配降下法や確率的勾配降下法によりパラメータの最尤解を定めるのが1つの方法である．しかし，これらの方法では，解への収束が初期値の設定に大きく依存し，また，計算が不安定（なかなか収束しない）になることも多い．本節では，おもに潜在変数をもつモデルにおいて，尤度最大化によりパラメータを決定するときにもちいられる EM アルゴリズムを紹介する．EM アルゴリズムは，比較的安定して解（一般には局所解）に収束することが知られている．

10.4.2　完全データの尤度

観測データ $\mathbf{x}_1, \ldots, \mathbf{x}_N$ は，独立同分布にしたがうとして，それぞれに対応する潜在変数 $\mathbf{z}_1, \ldots, \mathbf{z}_N$ を導入する．これらもまとめて $\mathbf{Z} = \{\mathbf{z}_1, \ldots, \mathbf{z}_N\}$ とかこう．観測データ $\mathbf{X}$ とこの $\mathbf{Z}$ から構成した $\{\mathbf{X}, \mathbf{Z}\}$ を完全データ集合（あるいは完全データ）という[2]．完全データ集合を全データとみなしたときの尤度関数は $p(\mathbf{X}, \mathbf{Z} \mid \boldsymbol{\theta})$ である．ただし，$\boldsymbol{\theta}$ は，すべてのパラメータの集合を表わす．潜在変数 $\mathbf{z}_n$ で条件づけた $\mathbf{x}_n$ の確率は $p(\mathbf{x}_n \mid \mathbf{z}_n) = \prod_{k=1}^{K} \mathcal{N}(\mathbf{x}_n \mid \boldsymbol{\mu}_k, \boldsymbol{\Sigma}_k)^{z_{nk}}$ であり，また $p(\mathbf{z}_n) = \prod_{k=1}^{K} \pi_k^{z_{nk}}$ であるので，完全データ集合に対する混合ガウス分布の尤度は

$$p(\mathbf{X}, \mathbf{Z} \mid \boldsymbol{\pi}, \boldsymbol{\mu}, \boldsymbol{\Sigma}) = \prod_{n=1}^{N} \prod_{k=1}^{K} \pi_k^{z_{nk}} \mathcal{N}(\mathbf{x}_n \mid \boldsymbol{\mu}_k, \boldsymbol{\Sigma}_k)^{z_{nk}} \tag{10.4.1}$$

---

[2] もともと，EM アルゴリズムは，データの欠損値を補完することを目的に開発された．潜在変数モデルでは，欠損値を潜在変数として表現し，$\{\mathbf{X}, \mathbf{Z}\}$ は，「欠損値もそうでない観測値もそろったすべてのデータ」という意味で完全データとよばれる．

となる．ただし，z_{nk} は $\mathbf{z}_n$ の第 k 成分である．

10.4.3 EM アルゴリズム：考え方

潜在変数の集合 $\mathbf{Z}$ の値がわかれば，完全データに対する尤度 $p(\mathbf{X}, \mathbf{Z} \mid \boldsymbol{\theta})$ の最大化によるパラメータ $\boldsymbol{\theta}$ の決定が簡単におこなえる場合がある．この点に関してはあとで詳しく議論するが，混合ガウス分布の場合にはまさにそれがあてはまる．混合ガウス分布では，

$$\boldsymbol{\theta} = \{\boldsymbol{\pi}, \boldsymbol{\mu}, \boldsymbol{\Sigma}\}$$

として，完全データに対する対数尤度を書きくだしてみると

$$\ln p(\mathbf{X}, \mathbf{Z} \mid \boldsymbol{\pi}, \boldsymbol{\mu}, \boldsymbol{\Sigma}) = \sum_{n=1}^{N}\sum_{k=1}^{K} z_{nk}\{\ln \pi_k + \ln \mathcal{N}(\mathbf{x}_n \mid \boldsymbol{\mu}_k, \boldsymbol{\Sigma}_k)\} \qquad (10.4.2)$$

となる．対数の中に和があった尤度関数のときとは異なり，和は対数の外にある．そのため，π_k，$\boldsymbol{\mu}_k$，$\boldsymbol{\Sigma}_k$ に関する微分が実行でき，結果を 0 とおいた方程式もとくことができる．ところが，$\mathbf{Z}$ の値は（観測できないものであり）わからない．そこで，（対数尤度を最大にするかわりに）

(1) 完全データに対する対数尤度の事後確率 $p(\mathbf{Z} \mid \mathbf{X}, \boldsymbol{\theta})$ に関する期待値 $\mathbb{E}_{\mathbf{Z}|\mathbf{X},\boldsymbol{\theta}}[\ln p(\mathbf{X}, \mathbf{Z} \mid \boldsymbol{\theta})]$ を求め（E ステップ），
(2) 求めた期待値 $\mathbb{E}_{\mathbf{Z}|\mathbf{X},\boldsymbol{\theta}}[\ln p(\mathbf{X}, \mathbf{Z} \mid \boldsymbol{\theta})]$ を最大化することで $\boldsymbol{\theta}$ を決定する（M ステップ）．

これが，EM アルゴリズムの基本的な考え方である．しかし，一般には，$\mathbb{E}_{\mathbf{Z}|\mathbf{X},\boldsymbol{\theta}}[\ln p(\mathbf{X}, \mathbf{Z} \mid \boldsymbol{\theta})]$ を最大にする $\boldsymbol{\theta}$ は解析的に求まらない．そこで，はじめに適当な値 $\boldsymbol{\theta}^{\text{old}}$ を $\boldsymbol{\theta}$ に設定し，$\boldsymbol{\theta}$ が収束するまで上記 (1) と (2) を繰りかえす必要がある．

なお，事後確率 $p(\mathbf{Z} \mid \mathbf{X}, \boldsymbol{\theta})$ は，完全データに対する尤度 $p(\mathbf{Z}, \mathbf{X} \mid \boldsymbol{\theta})$ と，ベイズの定理から求めるのが普通である．また，E ステップの E は，expectation（期待値）の頭文字で，M ステップの M は，maximization（最大化）の頭文字である．

10.4.4　EMアルゴリズム

以上を形式的にかこう．EMアルゴリズムは以下であたえられる．

(1) 初期値として $\boldsymbol{\theta}$ の値 $\boldsymbol{\theta}^{\mathrm{old}}$ を設定する．

(2) **E**ステップ：

　i) 潜在変数 $\mathbf{Z}$ の事後確率 $p(\mathbf{Z}\,|\,\mathbf{X},\,\boldsymbol{\theta}^{\mathrm{old}})$ を求め，

　ii) それに対する完全データ対数尤度の期待値

$$Q(\boldsymbol{\theta},\ \boldsymbol{\theta}^{\mathrm{old}}) \equiv \sum_{\mathbf{Z}} p(\mathbf{Z}\,|\,\mathbf{X},\ \boldsymbol{\theta}^{\mathrm{old}}) \ln p(\mathbf{X},\ \mathbf{Z}\,|\,\boldsymbol{\theta}) \tag{10.4.3}$$

　を求める．

(3) **M**ステップ：完全データ対数尤度の期待値 $Q(\boldsymbol{\theta},\,\boldsymbol{\theta}^{\mathrm{old}})$ を最大化することで新たな $\boldsymbol{\theta}^{\mathrm{new}}$ の値を定める．すなわち，

$$\boldsymbol{\theta}^{\mathrm{new}} = \arg\max_{\boldsymbol{\theta}} Q(\boldsymbol{\theta},\ \boldsymbol{\theta}^{\mathrm{old}}). \tag{10.4.4}$$

(4) (3) で求めた $\boldsymbol{\theta}^{\mathrm{new}}$ を $\boldsymbol{\theta}^{\mathrm{old}}$ とし，$\boldsymbol{\theta}$ が収束するまで (2) と (3) を繰りかえす．

10.5　混合ガウス分布のパラメータ推定

混合ガウス分布のパラメータを求めるためにEMアルゴリズムをもちいるときの式を導出しよう．

10.5.1　E ステップ

■ 潜在変数の事後確率

E ステップでは，まず，完全データの尤度から，すべての潜在変数の集合 $\mathbf{Z}$ の事後確率を求める．これは，ベイズの定理と式 (10.4.1) から

$$\begin{aligned} p(\mathbf{Z}\,|\,\mathbf{X},\,\boldsymbol{\pi},\boldsymbol{\mu},\,\boldsymbol{\Sigma}) &= \frac{p(\mathbf{X},\,\mathbf{Z}\,|\,\boldsymbol{\pi},\boldsymbol{\mu},\,\boldsymbol{\Sigma})}{p(\mathbf{X}\,|\,\boldsymbol{\pi},\boldsymbol{\mu},\boldsymbol{\Sigma})} \\ &= \frac{1}{p(\mathbf{X}\,|\,\boldsymbol{\pi},\boldsymbol{\mu},\boldsymbol{\Sigma})} \prod_{n=1}^{N}\prod_{k=1}^{K} \pi_k^{z_{nk}} \mathcal{N}(\mathbf{x}_n\,|\,\boldsymbol{\mu}_k,\,\boldsymbol{\Sigma}_k)^{z_{nk}} \end{aligned} \tag{10.5.1}$$

となる．正規化定数は，完全データの尤度を潜在変数について周辺化して

$$
\begin{aligned}
p(\mathbf{X} \mid \boldsymbol{\pi}, \boldsymbol{\mu}, \boldsymbol{\Sigma}) &= \sum_{\mathbf{z}_1, \ldots, \mathbf{z}_N \in \mathcal{Z}_{oh}} p(\mathbf{X}, \mathbf{Z} \mid \boldsymbol{\pi}, \boldsymbol{\mu}, \boldsymbol{\Sigma}) \\
&= \sum_{\mathbf{z}_1, \ldots, \mathbf{z}_N \in \mathcal{Z}_{oh}} \prod_{n=1}^{N} \prod_{k=1}^{K} \pi_k^{z_{nk}} \mathcal{N}(\mathbf{x}_n \mid \boldsymbol{\mu}_k, \boldsymbol{\Sigma}_k)^{z_{nk}} \qquad (10.5.2)
\end{aligned}
$$

である．ただし，z_{nk} は $\mathbf{z}_n$ の第 k 成分であり，また

$$
\mathcal{Z}_{oh} = \left\{ \begin{pmatrix} 1 \\ 0 \\ \vdots \\ 0 \end{pmatrix}, \begin{pmatrix} 0 \\ 1 \\ \vdots \\ 0 \end{pmatrix}, \cdots, \begin{pmatrix} 0 \\ 0 \\ \vdots \\ 1 \end{pmatrix} \right\}
$$

で，$\sum_{\mathbf{z}_1, \ldots, \mathbf{z}_N \in \mathcal{Z}_{oh}}$ は，各 $\mathbf{z}_1, \ldots, \mathbf{z}_N$ がすべての one-hot 表現ベクトルを渡りあるくときの和であり，K を $\mathbf{z}_n$ の次元とすると，K^N 個の項の和からなる．

■ 完全データ対数尤度の期待値

さきに求めたように，混合ガウス分布の完全データ集合に対する対数尤度は式 (10.4.2) である．これを再掲する．

$$
\ln p(\mathbf{X}, \mathbf{Z} \mid \boldsymbol{\pi}, \boldsymbol{\mu}, \boldsymbol{\Sigma}) = \sum_{n=1}^{N} \sum_{k=1}^{K} z_{nk} \{ \ln \pi_k + \ln \mathcal{N}(\mathbf{x}_n \mid \boldsymbol{\mu}_k, \boldsymbol{\Sigma}_k) \}.
$$

ここで，z_{nk} は $\mathbf{z}_n$ の第 k 成分である．この対数尤度に対し，さきに求めた $\mathbf{Z}$ の事後確率で期待値をとると

$$
\begin{aligned}
&\mathbb{E}_{\mathbf{Z} \mid \mathbf{X}, \boldsymbol{\theta}^{\mathrm{old}}} [\ln p(\mathbf{X}, \mathbf{Z} \mid \boldsymbol{\pi}, \boldsymbol{\mu}, \boldsymbol{\Sigma})] \\
&\quad = \sum_{n=1}^{N} \sum_{k=1}^{K} \mathbb{E}_{\mathbf{Z} \mid \mathbf{X}, \boldsymbol{\theta}^{\mathrm{old}}} [z_{nk}] \{ \ln \pi_k + \ln \mathcal{N}(\mathbf{x}_n \mid \boldsymbol{\mu}_k, \boldsymbol{\Sigma}_k) \},
\end{aligned}
$$

ただし，$\boldsymbol{\theta}^{\mathrm{old}} \equiv \{ \boldsymbol{\pi}^{\mathrm{old}}, \boldsymbol{\mu}^{\mathrm{old}}, \boldsymbol{\Sigma}^{\mathrm{old}} \}$．この式の計算には期待値 $\mathbb{E}_{\mathbf{Z} \mid \mathbf{X}, \boldsymbol{\theta}^{\mathrm{old}}} [z_{nk}]$ が必要となり，すぐあとで示すように，これは

$$\mathbb{E}_{\mathbf{Z}|\mathbf{X},\boldsymbol{\theta}^{\text{old}}}[z_{nk}] = \frac{\pi_k^{\text{old}}\mathcal{N}(\mathbf{x}_n \mid \boldsymbol{\mu}_k^{\text{old}},\, \boldsymbol{\Sigma}_k^{\text{old}})}{\displaystyle\sum_{j=1}^{K}\pi_j^{\text{old}}\mathcal{N}(\mathbf{x}_n \mid \boldsymbol{\mu}_j^{\text{old}},\, \boldsymbol{\Sigma}_j^{\text{old}})}$$

となる．これは，パラメータを $\boldsymbol{\theta}^{\text{old}}$ としたときの負担率であるので $\gamma(z_{nk})^{\text{old}}$ とかこう．よって，完全データに対する対数尤度の事後確率による期待値は

$$\begin{aligned}
&\mathbb{E}_{\mathbf{Z}|\mathbf{X},\boldsymbol{\theta}^{\text{old}}}[\ln p(\mathbf{X},\, \mathbf{Z} \mid \boldsymbol{\pi}, \boldsymbol{\mu},\, \boldsymbol{\Sigma})] \\
&\quad = \sum_{n=1}^{N}\sum_{k=1}^{K}\gamma(z_n)^{\text{old}}\{\ln\pi_k + \ln\mathcal{N}(\mathbf{x}_n \mid \boldsymbol{\mu}_k,\, \boldsymbol{\Sigma}_k)\}
\end{aligned} \tag{10.5.3}$$

となる．最後に，$\mathbf{Z}$ の事後確率による z_{nk} の期待値が負担率であることを示そう．特定の n と k について，

$$\begin{aligned}
&\mathbb{E}_{\mathbf{Z}|\mathbf{X},\boldsymbol{\theta}}[z_{nk}] \\
&= \sum_{\mathbf{z}_1,\ldots,\mathbf{z}_N \in \mathcal{Z}_{oh}} z_{nk}\, p(\mathbf{Z} \mid \mathbf{X},\, \boldsymbol{\pi}, \boldsymbol{\mu},\, \boldsymbol{\Sigma}) \\
&= \frac{\displaystyle\sum_{\mathbf{z}_1,\ldots,\mathbf{z}_N \in \mathcal{Z}_{oh}} z_{nk} \prod_{i=1}^{N}\prod_{j=1}^{K}\pi_j^{z_{ij}}\mathcal{N}(\mathbf{x}_i \mid \boldsymbol{\mu}_j,\, \boldsymbol{\Sigma}_j)^{z_{ij}}}{\displaystyle\sum_{\mathbf{z}_1,\ldots,\mathbf{z}_N \in \mathcal{Z}_{oh}} \prod_{i=1}^{N}\prod_{j=1}^{K}\pi_j^{z_{ij}}\mathcal{N}(\mathbf{x}_i \mid \boldsymbol{\mu}_j,\, \boldsymbol{\Sigma}_j)^{z_{ij}}} \\
&= \frac{\displaystyle\sum_{\mathbf{z}_n \in \mathcal{Z}_{oh}}\sum_{\mathbf{z}_{i\neq n} \in \mathcal{Z}_{oh}} z_{nk} \prod_{i=1}^{N}\prod_{j=1}^{K}\pi_j^{z_{ij}}\mathcal{N}(\mathbf{x}_i \mid \boldsymbol{\mu}_j,\, \boldsymbol{\Sigma}_j)^{z_{ij}}}{\displaystyle\sum_{\mathbf{z}_1,\ldots,\mathbf{z}_N \in \mathcal{Z}_{oh}} \prod_{i=1}^{N}\prod_{j=1}^{K}\pi_j^{z_{ij}}\mathcal{N}(\mathbf{x}_i \mid \boldsymbol{\mu}_j,\, \boldsymbol{\Sigma}_j)^{z_{ij}}} \\
&= \frac{\displaystyle\sum_{\mathbf{z}_n \in \mathcal{Z}_{oh}} z_{nk} \prod_{j=1}^{K}\pi_j^{z_{nj}}\mathcal{N}(\mathbf{x}_n \mid \boldsymbol{\mu}_j,\, \boldsymbol{\Sigma}_j)^{z_{nj}} \sum_{\mathbf{z}_{i\neq n} \in \mathcal{Z}_{oh}} \prod_{i\neq n}\prod_{j=1}^{K}\pi_j^{z_{ij}}\mathcal{N}(\mathbf{x}_i \mid \boldsymbol{\mu}_j,\, \boldsymbol{\Sigma}_j)^{z_{ij}}}{\displaystyle\sum_{\mathbf{z}_1,\ldots,\mathbf{z}_N \in \mathcal{Z}_{oh}} \prod_{i=1}^{N}\prod_{j=1}^{K}\pi_j^{z_{ij}}\mathcal{N}(\mathbf{x}_i \mid \boldsymbol{\mu}_j,\, \boldsymbol{\Sigma}_j)^{z_{ij}}}
\end{aligned}$$

$$
= \frac{\displaystyle\sum_{\mathbf{z}_n \in \mathcal{Z}_{oh}} z_{nk} \prod_{j=1}^{K} \pi_j^{z_{nj}} \mathcal{N}(\mathbf{x}_n \,|\, \boldsymbol{\mu}_j,\, \boldsymbol{\Sigma}_j)^{z_{nj}}}{\displaystyle\sum_{\mathbf{z}_n \in \mathcal{Z}_{oh}} \prod_{j=1}^{K} \pi_j^{z_{nj}} \mathcal{N}(\mathbf{x}_n \,|\, \boldsymbol{\mu}_j,\, \boldsymbol{\Sigma}_j)^{z_{nj}}}
$$

$$
= \frac{\pi_k \mathcal{N}(\mathbf{x}_n \,|\, \boldsymbol{\mu}_k,\, \boldsymbol{\Sigma}_k)}{\displaystyle\sum_{j=1}^{K} \pi_j \mathcal{N}(\mathbf{x}_n \,|\, \boldsymbol{\mu}_j,\, \boldsymbol{\Sigma}_j)} = \gamma(z_{nk}). \tag{10.5.4}
$$

ただし，$\displaystyle\sum_{\mathbf{z}_{i \neq n} \in \mathcal{Z}_{oh}}$ は，$\mathbf{z}_n$ 以外のすべての $\mathbf{z}_i$ についての和で，$\displaystyle\prod_{i \neq n}$ は，n 以外のすべての $i = 1, \ldots, N$ についての積である．最初の等号は期待値の定義による．2 番めの等号は上の結果 (10.5.1) と (10.5.2) から，3 番めと 4 番めの等号は，$\mathbf{z}_n$ についての和と，それ以外の $\mathbf{z}_i$ の和にわけたことによる．5 番めの等号は，$i = n$ 以外は，分母と分子で因子が共通なので約分ができ，$i = n$ なる因子だけがのこることにより，6 番めの等号は，$\mathbf{z}_n$ が $\mathcal{Z}_{oh}$ の要素を渡りあるくとき，k 番めの要素が 1 のベクトルだけのこることによる．これで E ステップに関する記述は終わりである．

10.5.2 M ステップ

■ 平均

M ステップにうつろう．まず，完全データに対する対数尤度の事後確率による期待値を最大にする $\boldsymbol{\mu}_k$ を求めよう．すなわち，

$$
\begin{aligned}
Q(\{\boldsymbol{\pi}, \boldsymbol{\mu}, \boldsymbol{\Sigma}\}, \boldsymbol{\theta}^{\mathrm{old}}) &\equiv \mathbb{E}_{\mathbf{Z}|\mathbf{X}, \boldsymbol{\theta}^{\mathrm{old}}}[\ln p(\mathbf{X}, \mathbf{Z} \,|\, \boldsymbol{\pi}, \boldsymbol{\mu}, \boldsymbol{\Sigma})] \\
&= \sum_{n=1}^{N} \sum_{k=1}^{K} \gamma(z_{nk})^{\mathrm{old}} \{\ln \pi_k + \ln \mathcal{N}(\mathbf{x}_n \,|\, \boldsymbol{\mu}_k,\, \boldsymbol{\Sigma}_k)\}
\end{aligned}
\tag{10.5.5}
$$

に対し，$\gamma(z_{nk})^{\mathrm{old}}$ を固定し，$\boldsymbol{\mu}_k$ で微分して $\mathbf{0}$（ゼロベクトル）とおく．すると

$$\frac{\partial}{\partial \boldsymbol{\mu}_k} Q(\{\boldsymbol{\pi}, \boldsymbol{\mu}, \boldsymbol{\Sigma}\}, \boldsymbol{\theta}^{\text{old}}) = -\frac{1}{2} \sum_{n=1}^{N} \gamma(z_{nk})^{\text{old}} \cdot \boldsymbol{\Sigma}_k^{-1} (\mathbf{x}_n - \boldsymbol{\mu}_k) = \mathbf{0}$$

を得る（計算は，第 II 部末付録 B，あるいは，第 V 部の 14.2 節にある「スカラーを行列で微分」参照）．これをといて整理すると，

$$\boldsymbol{\mu}_k = \frac{1}{N_k} \sum_{n=1}^{N} \gamma(z_{nk})^{\text{old}} \mathbf{x}_n, \quad N_k \equiv \sum_{n=1}^{N} \gamma(z_{nk})^{\text{old}}$$

となる．N_k は，ガウス分布 k に割りあてられる点の実効的なデータ数を表わし，$\boldsymbol{\mu}_k$ は，データ点の負担率で重みづけされたデータ平均であることがわかる．

■ 共分散

つぎに，$Q(\{\boldsymbol{\pi}, \boldsymbol{\mu}, \boldsymbol{\Sigma}\}, \boldsymbol{\theta}^{\text{old}})$ を最大にする $\boldsymbol{\Sigma}_k$ を求めよう．式 (10.5.5) において，$\gamma(z_{nk})^{\text{old}}$ を固定し，$\boldsymbol{\Sigma}_k$ で微分して $\mathbf{0}$（ゼロ行列）とおくと

$$\begin{aligned} &\frac{\partial}{\partial \boldsymbol{\Sigma}_k} Q(\{\boldsymbol{\pi}, \boldsymbol{\mu}, \boldsymbol{\Sigma}\}, \boldsymbol{\theta}^{\text{old}}) \\ &= \sum_{n=1}^{N} \gamma(z_{nk})^{\text{old}} \cdot \frac{1}{2} \left((\boldsymbol{\Sigma}_k^{-1})^{\mathrm{T}} (\mathbf{x}_n - \boldsymbol{\mu}_k)(\mathbf{x}_n - \boldsymbol{\mu}_k)^{\mathrm{T}} (\boldsymbol{\Sigma}_k^{-1})^{\mathrm{T}} - (\boldsymbol{\Sigma}_k^{-1})^{\mathrm{T}} \right) = \mathbf{0} \end{aligned}$$

を得る（計算は，第 V 部の 14.2 節にある「行列の微分適用例」参照）．これを $\boldsymbol{\Sigma}_k$ についてとくと

$$\boldsymbol{\Sigma}_k = \frac{1}{N_k} \sum_{n=1}^{N} \gamma(z_{nk})^{\text{old}} (\mathbf{x}_n - \boldsymbol{\mu}_k)(\mathbf{x}_n - \boldsymbol{\mu}_k)^{\mathrm{T}}$$

となる．これは各点の負担率で重みづけされたデータの共分散であり，単一ガウス分布の最尤推定量

$$\boldsymbol{\Sigma}_{\text{ML}} = \frac{1}{N} \sum_{n=1}^{N} (\mathbf{x}_n - \boldsymbol{\mu}_{\text{ML}})(\mathbf{x}_n - \boldsymbol{\mu}_{\text{ML}})^{\mathrm{T}}$$

とほぼ同じである．

■ 混合係数

最後に，$Q(\{\boldsymbol{\pi},\, \boldsymbol{\mu},\, \boldsymbol{\Sigma}\},\, \boldsymbol{\theta}^{\mathrm{old}})$ を最大にする π_k を求める．混合係数 π_k の和は 1 という制約があるので，ラグランジュの未定乗数 λ を導入し，$\gamma(z_{nk})^{\mathrm{old}}$ を固定し，式 (10.5.5) を π_k と λ でそれぞれ微分して 0 とおくと

$$\frac{\partial}{\partial \pi_k}\left(Q(\{\boldsymbol{\pi},\, \boldsymbol{\mu},\, \boldsymbol{\Sigma}\},\, \boldsymbol{\theta}^{\mathrm{old}}) - \lambda\left(\sum_{k=1}^{K}\pi_k - 1\right)\right) = \gamma(z_{nk})^{\mathrm{old}}\cdot\left(\frac{1}{\pi_k} - \lambda\right) = 0,$$

$$\frac{\partial}{\partial \lambda}\left(Q(\{\boldsymbol{\pi},\, \boldsymbol{\mu},\, \boldsymbol{\Sigma}\},\, \boldsymbol{\theta}^{\mathrm{old}}) - \lambda\left(\sum_{k=1}^{K}\pi_k - 1\right)\right) = \sum_{k=1}^{K}\pi_k - 1 = 0.$$

これらから，λ を消去し整理すると，$\pi_k = \dfrac{N_k}{N}$ となる．

10.5.3 まとめ

まず，M ステップの公式をまとめておく．

負担率 $$\gamma(z_{nk})^{\mathrm{old}} = \frac{\pi_k^{\mathrm{old}}\mathcal{N}(\mathbf{x}_n \mid \boldsymbol{\upmu}_k^{\mathrm{old}},\, \boldsymbol{\Sigma}_k^{\mathrm{old}})}{\displaystyle\sum_{j=1}^{K}\pi_j^{\mathrm{old}}\mathcal{N}(\mathbf{x}_n \mid \boldsymbol{\upmu}_j^{\mathrm{old}},\, \boldsymbol{\Sigma}_j^{\mathrm{old}})},$$

データ実効数（混合要素 k の） $$N_k \equiv \sum_{n=1}^{N}\gamma(z_{nk})^{\mathrm{old}},$$

平均 $$\boldsymbol{\upmu}_k = \frac{1}{N_k}\sum_{n=1}^{N}\gamma(z_{nk})^{\mathrm{old}}\,\mathbf{x}_n,$$

共分散 $$\boldsymbol{\Sigma}_k = \frac{1}{N_k}\sum_{n=1}^{N}\gamma(z_{nk})^{\mathrm{old}}(\mathbf{x}_n - \boldsymbol{\upmu}_k)(\mathbf{x}_n - \boldsymbol{\upmu}_k)^{\mathrm{T}},$$

混合係数 $$\pi_k = \frac{N_k}{N}.$$

最後に，混合ガウス分布のパラメータ推定の EM アルゴリズムをまとめておこう．

(1) $\{\pi_k\},\, \{\boldsymbol{\upmu}_k\},\, \{\boldsymbol{\Sigma}_k\},\quad k = 1,\, \ldots,\, K,$ を初期化．

(2) E ステップ：

$$\gamma(z_{nk}) = \frac{\pi_k\mathcal{N}(\mathbf{x}_n \mid \boldsymbol{\upmu}_k,\, \boldsymbol{\Sigma}_k)}{\sum_{j=1}^{K}\pi_j\mathcal{N}(\mathbf{x}_n \mid \boldsymbol{\upmu}_j,\, \boldsymbol{\Sigma}_j)},\quad n = 1,\, \ldots,\, N,\quad k = 1,\, \ldots,\, K,$$

を求める.

(3) M ステップ：$N_k = \sum_{n=1}^{N} \gamma(z_{nk}), \quad k = 1, \ldots, K$, とし,

$$\pi_k^{\mathrm{new}} = \frac{N_k}{N},$$

$$\boldsymbol{\mu}_k^{\mathrm{new}} = \frac{1}{N_k}\sum_{n=1}^{N}\gamma(z_{nk})\mathbf{x}_n,$$

$$\boldsymbol{\Sigma}_k^{\mathrm{new}} = \frac{1}{N_k}\sum_{n=1}^{N}\gamma(z_{nk})(\mathbf{x}_n - \boldsymbol{\mu}_k^{\mathrm{new}})(\mathbf{x}_n - \boldsymbol{\mu}_k^{\mathrm{new}})^{\mathrm{T}}, \quad k = 1, \ldots, K,$$

を求める.

(4) 対数尤度

$$Q = \sum_{n=1}^{N}\sum_{k=1}^{K}\gamma(z_{nk})\{\ln \pi_k + \ln \mathcal{N}(\mathbf{x}_n \mid \boldsymbol{\mu}_k, \boldsymbol{\Sigma}_k)\}$$

に変化がなければ終了. それ以外は (2) へもどって繰りかえす.

10.5.4 混合分布のパラメータ推定における特異性の問題

簡単のため $\boldsymbol{\Sigma}_k = \sigma_k^2\mathbf{I}$ と仮定する. 混合ガウス分布の対数尤度は

$$\ln p(\mathbf{X} \mid \boldsymbol{\pi}, \boldsymbol{\mu}, \boldsymbol{\Sigma}) = \sum_{n=1}^{N}\ln\left\{\sum_{k=1}^{K}\pi_k\mathcal{N}(\mathbf{x}_n \mid \boldsymbol{\mu}_k, \sigma_k^2\mathbf{I})\right\}$$

である. いま, データ $\mathbf{x}_n$ が, 混合要素 j の平均と等しい, すなわち, $\boldsymbol{\mu}_j = \mathbf{x}_n$ であるとする. データ $\mathbf{x}_n$ が混合要素 j をとおして, 尤度に寄与する項は $\mathcal{N}(\mathbf{x}_n \mid \mathbf{x}_n, \sigma_j^2\mathbf{I}) = \frac{1}{(2\pi)^{D/2}}\,\frac{1}{{\sigma_j}^D}$ であり, $\sigma_j \to 0$ のとき, この項は $\to +\infty$ となる. そのため, $\sigma_j \to 0$ とすれば尤度も $\to +\infty$ となり, 尤度最大化では σ_j が定まらない (図 10.7).

この最尤推定値が定まらないという特異性の問題は複数の分布の混合に特有のものである. 混合分布の場合, $\mathbf{x}_n$ 以外のデータは, j 以外の混合要素に対して 0 ではない値をとれば, $\sigma_j \to 0$ で尤度は無限に大きくなる. それに対し, 単峰性ガウス分布の場合は, $\sigma_j \to 0$ のとき, 密度が $\mathbf{x}_n$ に集中し $p(\mathbf{x}_n)$

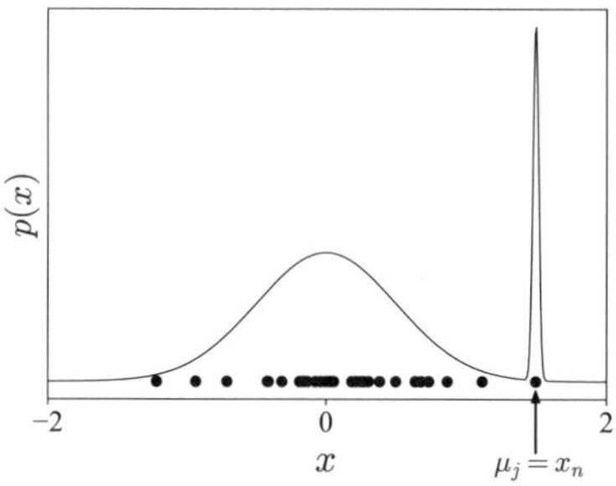

図 **10.7**　混合分布の最尤推定における特異性の問題.

の値は発散するが，$\mathbf{x}_n$ 以外のデータに対する密度関数の値は急速に 0 に近づき，その結果，尤度も 0 になる.

EM アルゴリズムにおいて，途中で尤度値がきわめて大きくなることが起きたら，初期値をふりなおして再度出発することにより，特異性の問題を回避することができる.

10.6　EM アルゴリズムの適用性と収束性

本章の最後に，EM アルゴリズムの適用性と収束性についてのべよう.

10.6.1　EM アルゴリズムの適用性

潜在変数モデルにおいて，パラメータの最尤推定に EM アルゴリズムが適用できるためには，$p(\mathbf{Z}\,|\,\mathbf{X},\,\boldsymbol{\theta}^{\mathrm{old}})$ に関する $\ln p(\mathbf{X},\,\mathbf{Z}\,|\,\boldsymbol{\theta})$ の期待値が計算できなければならない．いま，完全データの同時分布 $p(\mathbf{X},\,\mathbf{Z}\,|\,\boldsymbol{\theta})$ が，変数が指数の肩にだけ出現し，その肩が変数の 1 次式や 2 次式といった単純な式である分布，あるいはそれらの積で表現されているとしよう．そのときには，対数をとることにより，同時分布の指数の肩が下におりて単純な式となる．また，$p(\mathbf{Z}\,|\,\mathbf{X},\,\boldsymbol{\theta})$ は，$p(\mathbf{X},\,\mathbf{Z}\,|\,\boldsymbol{\theta})$ を $\mathbf{X}$ を固定し $\mathbf{Z}$ の分布としてみたときと同じ分布の族にはいる．結局，もとの $p(\mathbf{X},\,\mathbf{Z}\,|\,\boldsymbol{\theta})$ で 1 次式や 2 次式の期待値が簡単に求まるのであれば，$p(\mathbf{Z}\,|\,\mathbf{X},\,\boldsymbol{\theta}^{\mathrm{old}})$ に関する $\ln p(\mathbf{X},\,\mathbf{Z}\,|\,\boldsymbol{\theta})$ の期待値も簡単に求まる.

■ 指数分布族

一般に，

$$p(\mathbf{x} \mid \boldsymbol{\eta}) = h(\mathbf{x}) g(\boldsymbol{\eta}) \exp\{\boldsymbol{\eta}^{\mathrm{T}} \boldsymbol{u}(\mathbf{x})\}$$

の形の分布の集合を**指数型分布族**という．ただし，$h(\mathbf{x})$ は $\mathbf{x}$ のスカラー関数で，$\boldsymbol{u}(\mathbf{x})$ は $\mathbf{x}$ のベクトル値関数，$g(\boldsymbol{\eta})$ は $\boldsymbol{\eta}$ のスカラー関数，$\boldsymbol{\eta}$ は自然パラメータとよばれるパラメータベクトルである．たとえば，ベルヌイ分布 $p(x \mid \mu) = \mu^x (1-\mu)^{1-x}$ は，$p(x \mid \eta) = \sigma(-\eta) \exp(\eta x)$ と書きなおせるので指数型分布族の要素である．ただし，$\sigma(\eta)$ はロジスティックシグモイド関数で，$\mu = \sigma(\eta)$ である．また，1 次元ガウス分布は，

$$\begin{aligned} p(x \mid \mu,\ \sigma^2) &= \frac{1}{(2\pi\sigma^2)^{1/2}} \exp\left\{-\frac{1}{2\sigma^2}(x-\mu)^2\right\} \\ &= \frac{1}{(2\pi\sigma^2)^{1/2}} \exp\left\{-\frac{1}{2\sigma^2}x^2 + \frac{\mu}{\sigma^2}x - \frac{1}{2\sigma^2}\mu^2\right\} \end{aligned}$$

とかくことができ，$\boldsymbol{\eta} = (\mu/\sigma^2 \;\; -1/2\sigma^2)^{\mathrm{T}}$, $\boldsymbol{u}(x) = (x \;\; x^2)^{\mathrm{T}}$, $h(x) = (2\pi)^{-1/2}$, $g(\boldsymbol{\eta}) = (-2\eta_2)^{1/2} \exp(\frac{\eta_1^2}{4\eta_2})$ とおくことにより指数型分布族の要素であることがわかる．同様に，カテゴリカル分布も $\eta_k = \ln \mu_k$, $\boldsymbol{\eta} = (\eta_1 \;\; \cdots \;\; \eta_M)^{\mathrm{T}}$ と定義すると

$$p(\mathbf{x} \mid \boldsymbol{\mu}) = \prod_{k=1}^{M} \mu_k^{x_k} = \exp\left\{\prod_{k=1}^{M} x_k \ln\ \mu_k\right\} = \exp(\boldsymbol{\eta}^{\mathrm{T}} \mathbf{x})$$

となり，指数型分布族の要素であることがわかる．

■ EM アルゴリズムの適用性

とりわけ，ガウス分布やベルヌイ分布，カテゴリカル分布は，$h(\mathbf{x}) = 1$ である特別な形をした指数型分布族に属する分布である．完全データの同時分布が，この形の分布であれば，対数をとったとき単純な式になり，また，$p(\mathbf{Z} \mid \mathbf{X}, \boldsymbol{\theta})$ は，$p(\mathbf{X}, \mathbf{Z} \mid \boldsymbol{\theta})$ を $\mathbf{X}$ を固定し $\mathbf{Z}$ の分布としてみたときと同じ形の分布になるので，$p(\mathbf{Z} \mid \mathbf{X}, \boldsymbol{\theta}^{\mathrm{old}})$ に関する $\ln p(\mathbf{X}, \mathbf{Z} \mid \boldsymbol{\theta})$ の期待値が簡単に求まる．

しかし，$p(\mathbf{X}, \mathbf{Z} \,|\, \boldsymbol{\theta})$ が，上記のような分布でないときには，一般には，EM アルゴリズムはそのままではつかうことができない．そのような場合には，拡張された EM アルゴリズムや変分ベイズ法，サンプリング法など，本書では紹介できなかった手法をもちいてパラメータ推定をおこなう必要がある．

10.6.2 EM アルゴリズムの収束性

EM アルゴリズムが収束することを示そう．行列にまとめた観測データを $\mathbf{X}$ とし，対応する潜在変数を $\mathbf{Z}$ とする．尤度 $p(\mathbf{X} \,|\, \boldsymbol{\theta}) = \sum_{\mathbf{Z}} p(\mathbf{X}, \mathbf{Z} \,|\, \boldsymbol{\theta})$ が上に有界ならば，EM アルゴリズムはつねに収束することを示す．上に有界な単調増加数列は収束することは解析学の有名な定理である．それゆえ，E ステップと M ステップの 1 対のステップで尤度が増加することをいえばよい．以下でこれを証明する．

■ 単調増加の証明

まず，尤度 $p(\mathbf{X} \,|\, \boldsymbol{\theta})$ をつぎの形に分解する．

$$\ln p(\mathbf{X} \,|\, \boldsymbol{\theta}) = \mathcal{L}(q, \boldsymbol{\theta}) + \mathbb{KL}(q \,\|\, p), \tag{10.6.1}$$

ただし，

$$\mathcal{L}(q, \boldsymbol{\theta}) = \sum_{\mathbf{Z}} q(\mathbf{Z}) \ln \left\{ \frac{p(\mathbf{X}, \mathbf{Z} \,|\, \boldsymbol{\theta})}{q(\mathbf{Z})} \right\} \tag{10.6.2}$$

は変分下界とよばれ，それは $q(\mathbf{Z})$ と $\boldsymbol{\theta}$ の「関数」(正確には汎関数[3]) であり，また，

$$\mathbb{KL}(q \,\|\, p) = -\sum_{\mathbf{Z}} q(\mathbf{Z}) \ln \left\{ \frac{p(\mathbf{Z} \,|\, \mathbf{X}, \boldsymbol{\theta})}{q(\mathbf{Z})} \right\} \tag{10.6.3}$$

---

[3] 通常の関数は，実数や複素数といった数の集合から数への写像であるのに対し，汎関数は，関数の集合から数への写像である．関数 $f(x)$ に対し，定積分 $F[f(x)] = \int_a^b f(x)\,dx$ を対応させる写像は汎関数である．確率変数 X のエントロピーや，分布 $p(x)$, $q(x)$ の KL ダイバージェンスも汎関数である．

は，分布 $q(\mathbf{Z})$ と $p(\mathbf{Z}\,|\,\mathbf{X},\,\boldsymbol{\theta})$ のKLダイバージェンスである．分解式 (10.6.1) を導出するには，変分下界 (10.6.2) から出発し，条件つき分布の定義

$$\ln p(\mathbf{X},\,\mathbf{Z}\,|\,\boldsymbol{\theta}) = \ln p(\mathbf{Z}\,|\,\mathbf{X},\,\boldsymbol{\theta}) + \ln p(\mathbf{X}\,|\,\boldsymbol{\theta})$$

を式 (10.6.2) の右辺に代入すればよい．すなわち，

$$\begin{aligned}
\mathcal{L}(q,\,\boldsymbol{\theta}) &= \sum_{\mathbf{Z}} q(\mathbf{Z}) \ln\left\{\frac{p(\mathbf{X},\,\mathbf{Z}\,|\,\boldsymbol{\theta})}{q(\mathbf{Z})}\right\} \\
&= \sum_{\mathbf{Z}} q(\mathbf{Z}) \ln\left\{\frac{p(\mathbf{Z}\,|\,\mathbf{X},\,\boldsymbol{\theta})p(\mathbf{X}\,|\,\boldsymbol{\theta})}{q(\mathbf{Z})}\right\} \\
&= \sum_{\mathbf{Z}} q(\mathbf{Z}) \left(\ln\left\{\frac{p(\mathbf{Z}\,|\,\mathbf{X},\,\boldsymbol{\theta})}{q(\mathbf{Z})}\right\} + \ln p(\mathbf{X}\,|\,\boldsymbol{\theta})\right) \\
&= -\mathbb{KL}(q\,\|\,p) + \ln p(\mathbf{X}\,|\,\boldsymbol{\theta}).
\end{aligned}$$

最後の等号は，$q(\mathbf{Z})$ は分布なので，$\mathbf{Z}$ に関する $q(\mathbf{Z})$ の和が1であることをつかった．これで式 (10.6.1) が示せた．

さて，対数尤度の分解式 (10.6.1) において，$\boldsymbol{\theta}$ を固定すると，$q(\mathbf{Z})$ は左辺に無関係であるから，$q(\mathbf{Z})$ を動かしても左辺は不変である．よって，$\boldsymbol{\theta}$ を固定したときには右辺の和も不変である．ここで，KLダイバージェンスの一般的性質「$\mathbb{KL}(q\,\|\,p) \geq 0$ であり，等号が成りたつのは $q(\mathbf{Z}) = p(\mathbf{Z}\,|\,\mathbf{X},\,\boldsymbol{\theta})$ のときにかぎる」ことを思いだすと，$\mathcal{L}(q,\,\boldsymbol{\theta})$ を最大にするのは $\mathbb{KL}(q\,\|\,p) = 0$ をみたす $q(\mathbf{Z})$ であり，それは $q(\mathbf{Z}) = p(\mathbf{Z}\,|\,\mathbf{X},\,\boldsymbol{\theta})$ である．いま，Mステップが終了した時点でのパラメータの値を $\boldsymbol{\theta}^{\mathrm{old}}$ としよう．

EMアルゴリズムのつぎのEステップでは，$\mathbf{Z}$ の事後分布 $p(\mathbf{Z}\,|\,\mathbf{X},\,\boldsymbol{\theta}^{\mathrm{old}})$ を求める．これは上でのべたことにより，変分下界 $\mathcal{L}(q,\,\boldsymbol{\theta})$ を，$\boldsymbol{\theta}$ を固定し，q について最大化して，$q(\mathbf{Z}) = p(\mathbf{Z}\,|\,\mathbf{X},\,\boldsymbol{\theta}^{\mathrm{old}})$ を得たことに相当する．この式を変分下界 $\mathcal{L}(q,\,\boldsymbol{\theta})$ の式 (10.6.2) の右辺に代入すると

$$\begin{aligned}
\mathcal{L}(q,\,\boldsymbol{\theta}) &= \sum_{\mathbf{Z}} p(\mathbf{Z}\,|\,\mathbf{X},\,\boldsymbol{\theta}^{\mathrm{old}}) \ln p(\mathbf{X},\,\mathbf{Z}\,|\,\boldsymbol{\theta}) \\
&\qquad - \sum_{\mathbf{Z}} p(\mathbf{Z}\,|\,\mathbf{X},\,\boldsymbol{\theta}^{\mathrm{old}}) \ln p(\mathbf{Z}\,|\,\mathbf{X},\,\boldsymbol{\theta}^{\mathrm{old}}) \\
&= Q(\boldsymbol{\theta},\,\boldsymbol{\theta}^{\mathrm{old}}) + \mathrm{const.}
\end{aligned}$$

となる．すなわち，$\boldsymbol{\theta}$ を固定し，q についての最大化により得られる $\mathcal{L}(q, \boldsymbol{\theta})$ は，完全データの対数尤度に定数をくわえたものであることがわかる．

つづく M ステップでは，q を固定し，$\boldsymbol{\theta}$ について $\mathcal{L}(q, \boldsymbol{\theta})$ を最大化する．この最大化のもとで，KL ダイバージェンスは 0 以上であり，また $\mathcal{L}(q, \boldsymbol{\theta})$ も大きくなる．よって，式 (10.6.1) の右辺の和である対数尤度も増加する．すなわち，M ステップでは，対数尤度が増加する．

以上からわかるように，E ステップと M ステップの 1 対のステップでは，E ステップにおいて対数尤度は不変であり，M ステップにおいては対数尤度は増加する．よって，1 対の E ステップと M ステップで対数尤度は増加する．

■ 変分下界

本章の最後に，変分下界について簡単にコメントしておこう．KL ダイバージェンスは 0 以上なので，対数尤度の分解式 (10.6.1) からわかるとおり，変分下界[4)]

$$\mathcal{L}(q, \boldsymbol{\theta}) = \sum_{\mathbf{Z}} q(\mathbf{Z}) \ln \left\{ \frac{p(\mathbf{X}, \mathbf{Z} \,|\, \boldsymbol{\theta})}{q(\mathbf{Z})} \right\}$$

は対数尤度以下の値をとる．パラメータ $\boldsymbol{\theta}$ を固定したもとでは，対数尤度と，分布 q に対する変分下界との差は，q と，$\mathbf{Z}$ の事後分布 $p(\mathbf{Z} \,|\, \mathbf{X}, \boldsymbol{\theta})$ の KL ダイバージェンスである．すなわち，q が事後分布 $p(\mathbf{Z} \,|\, \mathbf{X}, \boldsymbol{\theta})$ に近いほど，その差は小さくなる．

上の証明で示したように，EM アルゴリズムの E ステップは，パラメータ $\boldsymbol{\theta}$ を固定したもとでの変分下界の q についての最大化である．一般に，尤度関数の最大化が困難なときや，変分下界の最大化により正則化の効果が期待される場合など，変分下界の最大化をおこなうことがある．11.3 節であつかう VAE はその 1 つの例である．また，本書ではあつかわない変分ベイズ法にお

4) 一般に，X を，順序 $(\leq)$ が定義された集合（半順序集合）とし，A を X の部分集合としたとき，$l \in X$ が A の下界であるとは

$$a \in A \Rightarrow l \leq a$$

が成りたつことである．

いて，パラメータの再推定をおこなうときの収束判定にも変分下界はつかわれる．

演習問題

演習 10.1（潜在変数による混合ガウス分布の表現）

$$\mathcal{Z}_{oh} \equiv \left\{ \begin{pmatrix} 1 \\ 0 \\ \vdots \\ 0 \end{pmatrix}, \begin{pmatrix} 0 \\ 1 \\ \vdots \\ 0 \end{pmatrix}, \cdots, \begin{pmatrix} 0 \\ 0 \\ \vdots \\ 1 \end{pmatrix} \right\}$$

としたとき，$\mathcal{Z}_{oh}$ 上の潜在変数 $\mathbf{z}$ をもちいて，混合係数が

$$p(\mathbf{z}) = \prod_{k=1}^{K} \pi_k^{z_k},$$

混合要素が

$$p(\mathbf{x} \mid \mathbf{z}) = \prod_{k=1}^{K} \mathcal{N}(\mathbf{x} \mid \boldsymbol{\mu}_k, \boldsymbol{\Sigma}_k)^{z_k}$$

と表現される混合ガウス分布を考える．ただし，z_k は $\mathbf{z}$ の第 k 成分である．このとき

$$p(\mathbf{x}) = \sum_{\mathbf{z} \in \mathcal{Z}_{oh}} p(\mathbf{x}, \mathbf{z}) = \sum_{\mathbf{z} \in \mathcal{Z}_{oh}} p(\mathbf{x} \mid \mathbf{z})\, p(\mathbf{z}) = \sum_{\mathbf{z} \in \mathcal{Z}_{oh}} \prod_{k=1}^{K} \{\pi_k \mathcal{N}(\mathbf{x} \mid \boldsymbol{\mu}_k, \boldsymbol{\Sigma}_k)\}^{z_k}$$

である．これが

$$\sum_{k=1}^{K} \pi_k \mathcal{N}(\mathbf{x} \mid \boldsymbol{\mu}_k, \boldsymbol{\Sigma}_k)$$

に等しいことを示せ．

演習 10.2（パラメータの事後確率の最大化）　データ集合を $\mathbf{X} = \{\mathbf{x}_1, \ldots, \mathbf{x}_N\}$ とする．潜在変数 $\mathbf{Z}$ とパラメータ θ をもつモデルにおいて，EM アルゴリズムをもちいて，事後確率 $p(\theta \mid \mathbf{X})$ を θ について最大化することを考える．

(1) E ステップでは，最尤推定のときと同様で，潜在変数 $\mathbf{Z}$ の事後確率 $p(\mathbf{Z} \mid \mathbf{X}, \boldsymbol{\theta}^{\mathrm{old}})$ に関する完全データ対数尤度の期待値

$$Q(\boldsymbol{\theta}, \boldsymbol{\theta}^{\mathrm{old}}) \equiv \sum_{\mathbf{Z}} p(\mathbf{Z} \mid \mathbf{X}, \boldsymbol{\theta}^{\mathrm{old}}) \ln p(\mathbf{X}, \mathbf{Z} \mid \boldsymbol{\theta})$$

を求めればよく，

(2) M ステップでは，$Q(\boldsymbol{\theta}, \boldsymbol{\theta}^{\mathrm{old}}) + \ln p(\theta)$ を最大化する

ことを示せ.

演習 10.3（共通の共分散行列をもつ場合） 観測データを $\mathbf{x}_1, \ldots, \mathbf{x}_N$ とし，対応する潜在変数を $\mathbf{z}_1, \ldots, \mathbf{z}_N$ とする．また，それぞれを行列にまとめたものを $\mathbf{X}$, $\mathbf{Z}$ とする．混合要素の共分散行列がすべて共通の $\mathbf{\Sigma}$ である混合要素数 K の混合ガウス分布を考える．混合率と混合要素の平均をまとめて

$$\boldsymbol{\pi} \equiv \{\pi_1, \ldots, \pi_K\}, \quad \boldsymbol{\mu} \equiv \{\boldsymbol{\mu}_1, \ldots, \boldsymbol{\mu}_K\}$$

として

(1) 完全データの対数尤度の事後確率に関する期待値を書きくだせ.
(2) 1 で求めた期待値を $\mathbf{\Sigma}$ について最大化せよ.

第11章　深層生成モデル

11.1　はじめに

深層生成モデルは，多段のパーセプトロンと，系列データをあつかうニューラルネットワークを利用した生成モデルであり，画像や音声，言語などで大規模なモデルが提案されている．深層生成モデルの学習面での特徴は，自己教師あり学習とよばれる技法により，正解データをもちいることなくモデルを学習することにある．系列データをあつかうことは本書の範囲をこえるので，深層生成モデルの１つである変分自己符号化器 (variational autoencoder; VAE) に話題をしぼってその核心を紹介する．VAE は，深層学習をつかった潜在変数モデルであり，画像などの高次元データを潜在空間で圧縮表現し，潜在空間での表現からサンプルを作りだす能力をもつ生成モデルである．入力の圧縮では，$\mathbf{x}$ ごとに対応する潜在変数 $\mathbf{z}$ を仮定し，その分布 $p(\mathbf{z} \mid \mathbf{x})$ をガウス分布として，$\mathbf{x}$ を入力とするニューラルネットワークによりその平均と共分散を算出する．データ $\mathbf{x}$ の生成では，$p(\mathbf{x} \mid \mathbf{z})$ をガウス分布と仮定し，$\mathbf{z}$ の実現値を入力とするニューラルネットワークがその平均を出力する．ガウス分布 $p(\mathbf{x} \mid \mathbf{z})$ からサンプリングすることによって，たとえば，学習データにはふくまれない犬の新たな画像を生成する．まずは，VAE のもとになった自己符号化器 (AE) から説明しよう．

11.2　自己符号化器

図 11.1 のような砂時計の形をした 3 層ニューラルネットワークを考えよう．

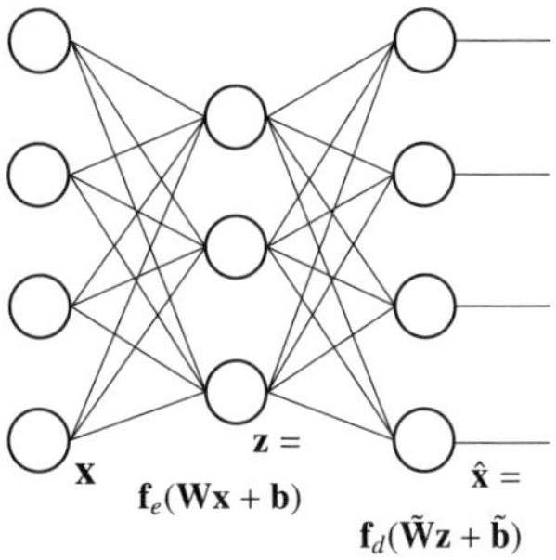

図 11.1　自己符号化器．砂時計のように真ん中がくびれた形をしている．出力は，入力をそのまま出力するように学習する．

入力層で表現された入力を $\mathbf{x}$ とするとき，中間層のユニットの出力 $\mathbf{z}$ は

$$\mathbf{z} = \mathbf{f}_e(\mathbf{W}\mathbf{x} + \mathbf{b})$$

とかくことができる．ただし，$\mathbf{W}$ は，(i, j) 成分を，入力層のユニット j から中間層のユニット i への重みとする行列であり，$\mathbf{b}$ は，中間層のユニットへのバイアスをならべたベクトル，$\mathbf{f}_e(\mathbf{x})$ は，$\mathbf{x}$ に対する活性化関数の値 $f_e(\mathbf{x})$ をならべたベクトル，すなわち，中間層のユニットの出力をならべたベクトルを値とする関数である．同様に，出力層のユニットの出力は，中間層のユニットの出力 $\mathbf{z}$ をもちいて

$$\hat{\mathbf{x}} = \mathbf{f}_d(\tilde{\mathbf{W}}\mathbf{z} + \tilde{\mathbf{b}})$$

となる．ここで，$\tilde{\mathbf{W}}$ は，(i, j) 成分を，中間層のユニット j から出力層のユニット i への重みとする行列で，$\tilde{\mathbf{b}}$ は，出力層のユニットへのバイアスをならべたベクトル，$\mathbf{f}_d(\mathbf{x})$ は，$\mathbf{x}$ に対する活性化関数の値 $f_d(\mathbf{x})$ をならべたベクトル，すなわち，出力層のユニットの出力をならべたベクトルを値とする関数である．

このような砂時計形のニューラルネットワークは，まず入力 $\mathbf{x}$ を $\mathbf{z}$ に変換し，そのあとで $\mathbf{z}$ を入力 $\mathbf{x}$ と同じ空間にもどす変換をおこなっている．これら 2 つの変換をまとめると，入力 $\mathbf{x}$ から出力 $\hat{\mathbf{x}}$ への変換を

$$\hat{\mathbf{x}}(\mathbf{x}) = \mathbf{f}_d(\tilde{\mathbf{W}}\mathbf{f}_e(\mathbf{W}\mathbf{x} + \mathbf{b}) + \tilde{\mathbf{b}})$$

とかくことができる．

この形のニューラルネットワークのもとで，入力 $\mathbf{x}$ に対する出力 $\hat{\mathbf{x}}$ が，もとの入力 $\mathbf{x}$ になるべく近くなるように重みを学習する．訓練後のニューラルネットワークに $\mathbf{x}$ を入力したときの中間層の出力 $\mathbf{z}$ を考えると，入力層と出力層のユニット数よりも，中間層のユニット数が小さいため，中間層の出力は，あたえられた入力の情報圧縮表現になる．そのため，入力 $\mathbf{x}$ に対し，$\mathbf{z}$ のことを $\mathbf{x}$ の符号とみなし，最初の変換 $\mathbf{z} = \mathbf{f}_e(\mathbf{W}\mathbf{x} + \mathbf{b})$ を**符号化**とよぶ．また，後半の変換 $\hat{\mathbf{x}} = \mathbf{f}_d(\tilde{\mathbf{W}}\mathbf{z} + \tilde{\mathbf{b}})$ を**復号化**とよぶ．一般に，入力を符号化し，続けて復号化したとき，もとの入力がなるべく忠実に再現されるようなニューラルネットワークは**自己符号化器** (autoencoder) とよばれる．また，符号化を実現するニューラルネットワークは**符号化器**，復号化を実現するニューラルネットワークは**復号化器**とよばれる．図 11.1 の自己符号化器において，中央から入力側半分が符号化器（図 11.2a）で，出力側が復号化器（図 11.2b）である．

自己符号化器の中間層の活性化関数 $\mathbf{f}_e$ はどのようなものでもよいが，通常，ロジスティックシグモイド関数などの非線形関数とする．出力層の $\mathbf{f}_d$ は，入力した $\mathbf{x}$ が出力自身になるように入力の種類におうじて選ぶ．また，重みの学習のために，$\mathbf{x}$ と $\hat{\mathbf{x}}$ の近さの尺度となるよう，入力の種類におうじた誤差

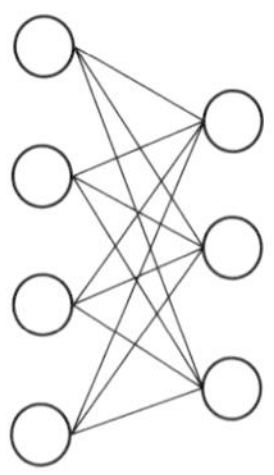
(a) 符号化器.

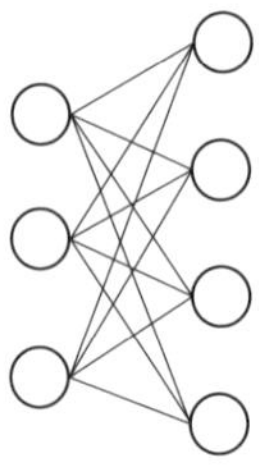
(b) 復号化器.

図 11.2　2層ニューラルネットワークで実現される符号化器と復号化器.

関数を選択する．すなわち，入力 $\mathbf{x}$ の成分が実数の場合には，活性化関数 $\mathbf{f}_d$ を恒等写像とし，誤差関数として，あたえられたデータを $\{\mathbf{x}_1, \ldots, \mathbf{x}_N\}$ とすると，

$$E(\mathbf{w}) = \sum_{n=1}^{N} \|\mathbf{x}_n - \hat{\mathbf{x}}(\mathbf{x}_n)\|^2$$

の 2 乗和誤差関数をもちいる．ただし，$\mathbf{w}$ は，ニューラルネットワークの重みとバイアスの成分をすべてならべたベクトルである．また，$\mathbf{x}$ の成分が 0 と 1 の 2 値をとる場合には，$\mathbf{f}_d$ にはロジスティック関数をもちい，誤差関数には交差エントロピー誤差関数

$$E(\mathbf{w}) = -\sum_{n=1}^{N}\sum_{i=1}^{D}\{x_i \ln \hat{x}_i(\mathbf{x}) + (1 - x_i)\ln(1 - \hat{x}_i(\mathbf{x}))\}$$

をもちいる．ただし，D は $\mathbf{x}$ の次元であり，x_i および $\hat{x}_i(\mathbf{x})$ は，それぞれ $\mathbf{x}$ と $\hat{\mathbf{x}}(\mathbf{x})$ の i 番めの成分である．自己符号化器の学習では，上記の誤差関数を最小とするパラメータ $\mathbf{w}$ を定める．学習データには，いわゆる正解ラベルはないので，この学習は教師なし学習の 1 つである．

自己符号化器では，学習後のニューラルネットワークの中間層の重みとバイアスの組 $(\mathbf{W}, \mathbf{b})$ に関心があり，とりわけ，これらのパラメータはデータを表現する特徴とよばれる．中間層のユニットの出力 $\mathbf{z}$ の計算は，行列 $\mathbf{W}$ と $\mathbf{x}$ の積をふくみ，この積は，$\mathbf{W}$ の各行ベクトルと $\mathbf{x}$ の内積の計算である．すなわち，その計算では，入力 $\mathbf{x}$ の，$\mathbf{W}$ の各行ベクトル方向の成分を取りだしている．

自己符号化器の目的は，このような特徴の学習により，入力 $\mathbf{x}$ の圧縮表現 $\mathbf{z}$ を得ることにある．自己符号化器では，入力層では表現できた情報も，中間層ではユニット数が少ないために表現できない情報がある．場合によっては，たとえば，ノイズをふくむ入力 $\mathbf{x}$ に対し，ノイズが除去された表現 $\mathbf{z}$ が得られる可能性がある．そのため，たとえば，サポートベクトルマシンや 3 層パーセプトロンといった分類器でクラス分類をおこなう場合，$\mathbf{x}$ を入力とするよりも，$\mathbf{z}$ をもちいて学習するほうが性能が向上するといったことが起きる．

本節で紹介した自己符号化器は，それぞれ2層のニューラルネットワークで実現される符号化器と復号化器から構成された．その拡張として，符号化器も復号化器もより多層からなる自己符号化器を考えることができる．一般に，多層のニューラルネットワークの学習は，学習途中で勾配が0にかぎりなく近づく勾配消失問題などがあり，それほど簡単ではない．多層の自己符号化器の学習でも，同様な問題が生じ，それらに対応するために，層ごとの貪欲法や，層ごとの貪欲法で作成されたニューラルネットワークを初期値として学習する方法などが考案されている．

11.3　変分自己符号化器

11.3.1　変分自己符号化器の構成

自己符号化器では，復号が入力に可能なかぎり近くなるような符号を求めた．変分自己符号化器では，その考えを一歩すすめ，出力 $\mathbf{x}$ と符号 $\mathbf{z}$ を確率変数とみなし，$\mathbf{x}$ を観測変数，$\mathbf{z}$ を潜在変数とする．入力で条件づけた潜在変数 $\mathbf{z}$ の分布はガウス分布にしたがうと仮定され，符号化器は，そのガウス分布の平均と共分散行列を出力するニューラルネットワークである．また，出力 $\mathbf{x}$ の分布は等方性ガウス分布であると仮定され，復号化器は，$\mathbf{z}$ の実現値を入力とし，$\mathbf{x}$ の分布であるガウス分布の平均を出力するニューラルネットワークである．以下，この考えを精緻化しよう．慣習にしたがって，符号化器のパラメータ $\mathbf{W}$ と $\mathbf{b}$ をならべたベクトルを $\boldsymbol{\phi}$ とかき，復号化器のパラメータ $\tilde{\mathbf{W}}$ と $\tilde{\mathbf{b}}$ をならべたベクトルを $\boldsymbol{\theta}$ とかく．

図11.3は，VAEの構成と情報の流れをスケッチしたものである．まず，VAEの復号側では，潜在変数 $\mathbf{z}$ で条件づけられた出力 $\mathbf{x}$ の分布は

$$p(\mathbf{x}\,|\,\mathbf{z},\,\boldsymbol{\theta}) = \mathcal{N}(\mathbf{x}\,|\,\mathbf{f}_d(\mathbf{z};\boldsymbol{\theta}),\,\sigma^2\mathbf{I}) \tag{11.3.1}$$

であるとする．ただし，$\mathbf{f}_d$ は，潜在変数 $\mathbf{z}$ の実現値を入力とするニューラルネットワークで実現される復号化器で，その重みとバイアスをまとめた $\boldsymbol{\theta}$ を明示した．また，ここでは簡単のため，分散 σ^2 は，学習で決定するのではなく，確定したパラメータとする．ここでは，ガウス分布を仮定したが，場合によってはベルヌイ分布を採用することもある．潜在変数 $\mathbf{z}$ の事前確率の分布

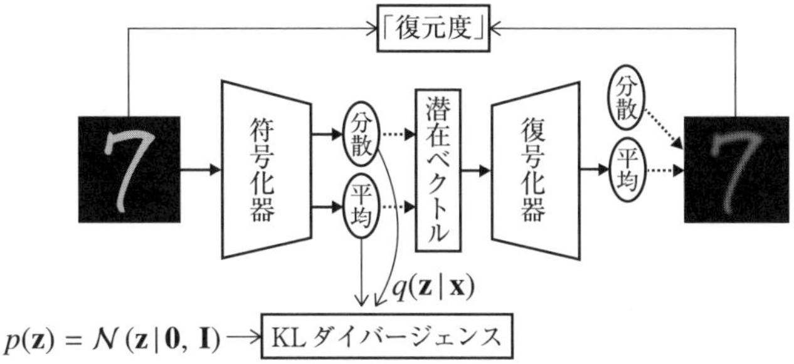

図 11.3 変分自己符号化器．符号化器と復号化器からなる．入力で条件づけられた潜在変数 $\mathbf{z}$ の分布がガウス分布にしたがうと仮定され，符号化器は，そのガウス分布の平均と共分散行列を出力するニューラルネットワークである．復号化器は，$\mathbf{z}$ の実現値を入力として，やはりガウス分布にしたがうと仮定される $\mathbf{x}$ の平均ベクトルを出力するニューラルネットワークである．

は，平均が $\mathbf{0}$ で共分散行列が $\mathbf{I}$ のガウス分布

$$p(\mathbf{z}) = \mathcal{N}(\mathbf{z} \mid \mathbf{0}, \mathbf{I}) \tag{11.3.2}$$

を仮定する．

一方，VAE の符号側では，入力 $\mathbf{x}$ で条件づけられた潜在変数 $\mathbf{z}$ の分布が

$$q(\mathbf{z} \mid \mathbf{x}, \boldsymbol{\phi}) = \mathcal{N}(\mathbf{z} \mid \mathbf{f}_{e,\mu}(\mathbf{x}; \boldsymbol{\phi}), \mathrm{diag}(\mathbf{f}_{e,\sigma^2}(\mathbf{x}; \boldsymbol{\phi}))) \tag{11.3.3}$$

と仮定される．ここで，$\mathrm{diag}(\boldsymbol{\lambda})$ は，ベクトル $\boldsymbol{\lambda}$ を成分順に対角要素にならべた対角行列であり，$\mathbf{f}_e$ は，ニューラルネットワークで実現される符号化器で，潜在変数の分布の平均 $\mathbf{f}_{e,\mu}$ と，対角行列と仮定される共分散行列の対角成分 $\mathbf{f}_{e,\sigma^2}$ を出力する．やはり，重みとバイアスをまとめた $\boldsymbol{\phi}$ を明示した．

本書では，復号側の復号化器をふくめた確率モデルを**復号モデル**とよび，符号側の符号化器をふくめた確率モデルを**符号モデル**とよぶ．以下でのべるように，VAE の学習では，変分下界を最適化し，符号モデルと復号モデルを同時に決定する．

11.3.2 変分自己符号化器の学習

データを $\mathcal{D} = \{\mathbf{x}_1, \ldots, \mathbf{x}_N\}$ とする．VAE のパラメータを決定するために

は，常套手段として尤度関数 $p(\mathcal{D} \mid \boldsymbol{\theta}) = \sum_{n=1}^{N} p(\mathbf{x}_n \mid \boldsymbol{\theta})$ を最大化することが思いつく．しかし，VAE では，パラメータの学習に，対数尤度の下界である変分下界を最大化する方略をとる．その理由はあとで議論することとし，さっそく変分下界を導入しよう．以下では，表記を見やすくするため，$p(\mathbf{x}, \mathbf{z} \mid \boldsymbol{\theta})$ を $p_{\boldsymbol{\theta}}(\mathbf{x}, \mathbf{z})$，あるいは $q(\mathbf{z} \mid \mathbf{x}, \boldsymbol{\phi})$ を $q_{\boldsymbol{\phi}}(\mathbf{z} \mid \mathbf{x})$ など，パラメータを添字としてかく．

まず，1つのデータ $\mathbf{x}$ の対数尤度から出発し，イェンセンの不等式をつかうと

$$\begin{aligned} \ln p_{\boldsymbol{\theta}}(\mathbf{x}) &= \ln \int q_{\boldsymbol{\phi}}(\mathbf{z} \mid \mathbf{x}) \frac{p_{\boldsymbol{\theta}}(\mathbf{x}, \mathbf{z})}{q_{\boldsymbol{\phi}}(\mathbf{z} \mid \mathbf{x})} d\mathbf{z} \\ &\geq \int q_{\boldsymbol{\phi}}(\mathbf{z} \mid \mathbf{x}) \ln \frac{p_{\boldsymbol{\theta}}(\mathbf{x}, \mathbf{z})}{q_{\boldsymbol{\phi}}(\mathbf{z} \mid \mathbf{x})} d\mathbf{z} \end{aligned} \tag{11.3.4}$$

という関係を得る．この最右辺が，1つのデータ $\mathbf{x}$ の**変分下界** (evidence lower bound; ELBO) である．確率変数 $\mathbf{x}$ の分布を $p(\mathbf{x})$ としたとき，以下では，$f(\mathbf{x})$ の $\mathbf{x}$ に関する期待値 $\mathbb{E}_{\mathbf{x}}[f(\mathbf{x})] = \mathbb{E}_{\mathbf{x} \sim p(\mathbf{x})}[f(\mathbf{x})]$ を $\mathbb{E}_{p(\mathbf{x})}[f(\mathbf{x})]$ ともかく．また，大数の法則より，関数 $f(\mathbf{x})$ の期待値の積分計算は，$\mathbf{x}$ の実現値 $\hat{\mathbf{x}}_1, \ldots, \hat{\mathbf{x}}_M$ をつかって

$$\mathbb{E}_{\mathbf{x}}[f(\mathbf{x})] \equiv \int p(\mathbf{x}) f(\mathbf{x}) \, d\mathbf{x} \approx \sum_{m=1}^{M} f(\hat{\mathbf{x}}_m)$$

と近似されることを注意しておく．この近似が成立するためには，一般に，$p(\mathbf{x})$ が分布でなければならない．

この変分下界は，パラメータ $\boldsymbol{\theta}$ と $\boldsymbol{\phi}$ の関数であるので，これを明示すると，1つのデータ $\mathbf{x}$ に対する変分下界は

$$\begin{aligned} L(\boldsymbol{\theta}, \boldsymbol{\phi} \mid \mathbf{x}) &\equiv \int q_{\boldsymbol{\phi}}(\mathbf{z} \mid \mathbf{x}) \ln \frac{p_{\boldsymbol{\theta}}(\mathbf{x}, \mathbf{z})}{q_{\boldsymbol{\phi}}(\mathbf{z} \mid \mathbf{x})} d\mathbf{z} \\ &= \mathbb{E}_{q_{\boldsymbol{\phi}}(\mathbf{z} \mid \mathbf{x})}[\ln p_{\boldsymbol{\theta}}(\mathbf{x}, \mathbf{z}) - \ln q_{\boldsymbol{\phi}}(\mathbf{z} \mid \mathbf{x})] \end{aligned} \tag{11.3.5}$$

と定義される．さらに，事前分布 $p(\mathbf{z}) = \mathcal{N}(\mathbf{z} \mid \mathbf{0}, \mathbf{I})$ は，$\boldsymbol{\theta}$ に無関係なので，$p(\mathbf{z}) = p_{\boldsymbol{\theta}}(\mathbf{z})$ に注意すると，$p_{\boldsymbol{\theta}}(\mathbf{x}, \mathbf{z})$ は $p_{\boldsymbol{\theta}}(\mathbf{x} \mid \mathbf{z}) p(\mathbf{z})$ となるので

$$L(\boldsymbol{\theta}, \boldsymbol{\phi} \,|\, \mathbf{x}) = \mathbb{E}_{q_{\boldsymbol{\phi}}(\mathbf{z}\,|\,\mathbf{x})}[\ln p_{\boldsymbol{\theta}}(\mathbf{x}\,|\,\mathbf{z})] - \mathbb{KL}(q_{\boldsymbol{\phi}}(\mathbf{z}\,|\,\mathbf{x}) \,\|\, p(\mathbf{z})) \tag{11.3.6}$$

のように，$\ln p_{\boldsymbol{\theta}}(\mathbf{x}\,|\,\mathbf{z})$ の $\mathbf{z}$ の事後分布に関する期待値と，$\mathbf{z}$ の事後分布と事前分布の KL ダイバージェンスとの差に書きなおすことができる（演習 11.1）．式 (11.3.6) を最大化することを考えてみよう．右辺第 1 項の最大化は，データ点 $\mathbf{x}$ の生成確率が平均的に高くなるようにパラメータを動かす．すなわち，データに適合するようにパラメータを動かす（図 11.3 の「復元度」）．一方，（負の）KL ダイバージェンスの項は，$\mathbf{z}$ の事後分布が事前分布から離れると大きくなるので，$\mathbf{z}$ の事後分布が事前分布からあまり離れないように正則化項としてはたらく（図 11.3 の「KL ダイバージェンス」）．

さて，われわれの目標は，以下の目的関数を最大化してパラメータを決定することである．

$$L(\boldsymbol{\theta}, \boldsymbol{\phi} \,|\, \mathcal{D}) \equiv \sum_{n=1}^{N} L(\boldsymbol{\theta}, \boldsymbol{\phi} \,|\, \mathbf{x}_n).$$

そのため，ミニバッチごとに，あるいは 1 つのデータ点ごとに勾配を計算する確率的勾配降下法をもちいる．ここでは，表記を簡単にするため，1 つのデータ点の変分下界 (11.3.6) の勾配

$$\nabla_{\boldsymbol{\theta},\,\boldsymbol{\phi}} L(\boldsymbol{\theta}, \boldsymbol{\phi} \,|\, \mathbf{x}) = \nabla_{\boldsymbol{\theta},\,\boldsymbol{\phi}} \mathbb{E}_{q_{\boldsymbol{\phi}}(\mathbf{z}\,|\,\mathbf{x})}[\ln p_{\boldsymbol{\theta}}(\mathbf{x}\,|\,\mathbf{z})] - \nabla_{\boldsymbol{\phi}} \mathbb{KL}(q_{\boldsymbol{\phi}}(\mathbf{z}\,|\,\mathbf{x}) \,\|\, p(\mathbf{z})) \tag{11.3.7}$$

を求めよう．

まず，勾配 $\nabla_{\boldsymbol{\phi}} \mathbb{KL}(q_{\boldsymbol{\phi}}(\mathbf{z}\,|\,\mathbf{x}) \,\|\, p(\mathbf{z}))$ は，復号化器とは無関係であることに注意する．そのため，符号化器のユニットの誤差（と活性）が求まればこの勾配は定まる．実際，式 (11.3.6) の KL ダイバージェンスの項は，$q_{\boldsymbol{\phi}}(\mathbf{z}\,|\,\mathbf{x})$ と $p(\mathbf{z})$ がガウス分布なので書きくだすことができ，L は潜在ベクトル $\mathbf{z}$ の次元とすると

$$\mathbb{KL}(q_{\boldsymbol{\phi}}(\mathbf{z}\,|\,\mathbf{x}) \,\|\, p(\mathbf{z})) = -\frac{1}{2}\sum_{i=1}^{I}[1 - \sigma_i^2 - \mu_i^2 + \ln \sigma_i^2]$$

と表わせる（演習 11.2）．ただし，μ_i は，$\mathbf{f}_{e,\mu}(\mathbf{x};\boldsymbol{\phi})$ の第 i 成分で，σ_i^2 は，$\mathbf{f}_{e,\sigma^2}(\mathbf{x};\boldsymbol{\phi})$ の第 i 番めの対角成分であり，それらは符号化器の出力ユニットの出力である．したがって，符号化器の出力ユニットの活性化関数を恒等関数とすれば，符号化器の出力ユニットの誤差は，上式の右辺を σ_i^2，μ_i で微分すれば求まり，復号化器ののこりのユニットの誤差も，誤差逆伝播で普通に求めることができる．

それに対し，式 (11.3.7) の右辺

$$\nabla_{\boldsymbol{\theta},\boldsymbol{\phi}}\mathbb{E}_{q_{\boldsymbol{\phi}}(\mathbf{z}\,|\,\mathbf{x})}[\ln p_{\boldsymbol{\theta}}(\mathbf{x}\,|\,\mathbf{z})] = \int \nabla_{\boldsymbol{\theta},\boldsymbol{\phi}}\, q_{\boldsymbol{\phi}}(\mathbf{z}\,|\,\mathbf{x}) \ln p_{\boldsymbol{\theta}}(\mathbf{x}\,|\,\mathbf{z})\, d\mathbf{z}$$

の計算には工夫が必要となる．まず，復号化モデルのパラメータ $\boldsymbol{\theta}$ は，$q_{\boldsymbol{\phi}}(\mathbf{z}\,|\,\mathbf{x})$ に無関係なので，$\boldsymbol{\theta}$ に関しては，$\ln p_{\boldsymbol{\theta}}(\mathbf{x}\,|\,\mathbf{z})$ の微分の期待値となり，それは，$\mathbf{z}$ の実現値をサンプルすること（サンプリング）で近似できるので問題はない．しかし，符号化モデルのパラメータ $\boldsymbol{\phi}$ に関しては，$q_{\boldsymbol{\phi}}(\mathbf{z}\,|\,\mathbf{x})$ の微分を $\ln p_{\boldsymbol{\theta}}(\mathbf{x}\,|\,\mathbf{z})$ にかけた積分となり，その積分は期待値計算ではないので，$\mathbf{z}$ の実現値をつかった近似はできない．分布 $q_{\boldsymbol{\phi}}(\mathbf{z}\,|\,\mathbf{x})$ の $\boldsymbol{\phi}$ に関する微分は一般に分布ではないからである．

そのため，**再パラメータ化**というテクニックをもちいる．すなわち，まず，確率変数 $\mathbf{z}$ の事後確率 $q_{\boldsymbol{\phi}}(\mathbf{z}\,|\,\mathbf{x})$ は，平均が $\mathbf{f}_{e,\mu}(\mathbf{x};\boldsymbol{\phi})$ で，共分散行列が $\mathrm{diag}(\mathbf{f}_{e,\sigma^2}(\mathbf{x};\boldsymbol{\phi}))$ のガウス分布であることに着目し，確率変数 $\boldsymbol{\varepsilon} \sim \mathcal{N}(\mathbf{0},\mathbf{I})$ をつかって，

$$\nabla_{\boldsymbol{\theta},\boldsymbol{\phi}}\mathbb{E}_{q_{\boldsymbol{\phi}}(\mathbf{z}\,|\,\mathbf{x})}[\ln p_{\boldsymbol{\theta}}(\mathbf{x}\,|\,\mathbf{z})] = \nabla_{\boldsymbol{\theta},\boldsymbol{\phi}}\mathbb{E}_{\boldsymbol{\varepsilon}}\left[\ln p_{\boldsymbol{\theta}}(\mathbf{x}\,|\,\mathbf{f}_{e,\mu}(\mathbf{x};\boldsymbol{\phi}) + \mathbf{f}_{e,\sigma^2}^{1/2}(\mathbf{x};\boldsymbol{\phi}) \odot \boldsymbol{\varepsilon})\right] \tag{11.3.8}$$

と書きなおす．ただし，$\mathbf{x} \odot \mathbf{y}$ は，ベクトル $\mathbf{x}$ と $\mathbf{y}$ の成分どうしをかけてできるベクトル（アダマール積）である．また，$\mathbf{f}_{e,\sigma^2}^{1/2}(\mathbf{x};\boldsymbol{\phi})$ は，$\mathbf{f}_{e,\sigma^2}(\mathbf{x};\boldsymbol{\phi})$ の各成分の正の平方根をとったベクトルである．期待値は，パラメータ $\boldsymbol{\theta}$ と $\boldsymbol{\phi}$ に無関係な確率変数 $\boldsymbol{\varepsilon}$ に関してとり，$\boldsymbol{\phi}$ に関して微分したものの期待値は，$\boldsymbol{\varepsilon}$ の実現値をつかって近似できる．このように，期待値をとる確率変数をほかの確率変数に変換し，分布のパラメータに関する勾配をサンプリングで近似できるようにすることを再パラメータ化という．

VAE の学習では，式 (11.3.8) の右辺の期待値を，$\boldsymbol{\varepsilon}$ の分布 $\mathcal{N}(\mathbf{0}, \mathbf{I})$ から 1 つだけサンプリングしてその実現値 $\hat{\boldsymbol{\varepsilon}}$ をつかって近似する．すなわち，データ $\mathbf{x}$ に対する誤差を計算するため，順伝播で，学習途中の $\boldsymbol{\phi}$ をもつ符号化器により $\mathbf{f}_{e,\,\mu}(\mathbf{x}; \boldsymbol{\phi})$ と $\mathrm{diag}(\mathbf{f}_{e,\,\sigma^2}(\mathbf{x}; \boldsymbol{\phi}))$ を算出し，$\boldsymbol{\varepsilon}$ の実現値 $\hat{\boldsymbol{\varepsilon}}$ をつかい，

$$\hat{\mathbf{z}} = \mathbf{f}_{e,\,\mu}(\mathbf{x}; \boldsymbol{\phi}) + \mathbf{f}_{e,\,\sigma^2}^{1/2}(\mathbf{x}; \boldsymbol{\phi}) \odot \hat{\boldsymbol{\varepsilon}}$$

を $\mathbf{z}$ の値とする．この $\hat{\mathbf{z}}$ を（学習途中の $\boldsymbol{\theta}$ をもつ）復号化器の入力として，復号化器の出力（ガウス分布の平均）を得る．出力ユニットの出力をまとめたベクトルを $\mathbf{y}$ とかくと，入力データ $\mathbf{x}$ に対する誤差関数 $\ln p_{\boldsymbol{\theta}}(\mathbf{x} \,|\, \mathbf{z})$ は

$$\frac{1}{2\sigma^2}(\mathbf{x} - \mathbf{y})^{\mathrm{T}}(\mathbf{x} - \mathbf{y}) + \mathrm{const.}$$

となる．復号化器の出力ユニットの活性化関数を恒等関数とすれば，出力ユニット k の誤差 δ_k は，ユニットの出力 y_k で上式を微分したものになる．この誤差を逆伝播すれば，すべてのユニットの誤差が求まり，それを，順伝播で保存しておいたユニットの出力とかければ勾配が求まる．なお，実装上，数値計算の安定化のため，符号化器は対数分散 $\gamma_l = \ln \sigma_l^2$ を出力することが多い．

以上のように，VAE では，尤度関数

$$p(\mathbf{x} \,|\, \boldsymbol{\theta}) = \int p(\mathbf{x} \,|\, \mathbf{z},\, \boldsymbol{\theta}) p(\mathbf{z})\, d\mathbf{z}$$

を最大化してパラメータを決定することをせず，その下界である ELBO を最適化することによってパラメータを求める．尤度関数の被積分関数の $p(\mathbf{x} \,|\, \mathbf{z},\, \boldsymbol{\theta})$ はガウス分布であるが，それは，符号化器の出力で分布が決まる $\mathbf{z}$ の非線形関数である．そのため，事前分布 $p(\mathbf{z})$ として，単純な等方性ガウス分布を仮定しても，積分を解析的に表現することは困難である．潜在変数の積分消去を，$\mathbf{z}$ をサンプリングすることにより近似することは原理的には可能である．しかし，$p(\mathbf{z})$ からサンプリングした $\mathbf{z}$ をもちいた場合，観測 $\mathbf{x}$ に対し，$p(\mathbf{x} \,|\, \mathbf{z})$ は正規分布なので，その値が偶発的に大きくなることはまれで，ほとんどが 0 にきわめて近い値をとる．そのため，尤度の近似には，膨大な数の $\mathbf{z}$ をサンプリングする必要がある．積分消去の困難性は，潜在変数をもちいたときの尤度計算の一般的な問題である．

この問題に対し，VAE では，符号化モデルと復号化モデルにわけて考え，符号化モデルとして $q_{\phi}(\mathbf{z}\,|\,\mathbf{x})$ を導入する．これは，$\mathbf{x}$ で条件づけた $\mathbf{z}$ の確率分布なので，$\mathbf{x}$ を生成する $\mathbf{z}$ に対しては大きい値をとる．それゆえ，$q_{\phi}(\mathbf{z}\,|\,\mathbf{x})$ に関する期待値で表現される VAE の変分下界は，サンプリングにより実際に近似計算できる．

11.3.3　VAE の特徴

■ 生成モデルとしての VAE

VAE の最大の利点は，ランダムなノイズから新しいデータを生成できることにある．これは，VAE の復号化器が，潜在空間内のランダムな点を適切な出力に変換するように訓練されていることによる．具体的には，ガウス事前分布 $\mathcal{N}(\mathbf{z}\,|\,\mathbf{0}, \mathbf{I})$ からサンプリングした $\mathbf{z}$ の実現値を復号化器にとおせば，$\mathbb{E}[\mathbf{x}\,|\,\mathbf{z}] = \mathbf{f}_d(\mathbf{z}; \boldsymbol{\theta})$ を得ることができる．図 11.4 は，CelebA データセット[1] にある顔画像を学習にもちいたとき，VAE によって生成された顔画像を示す．図 11.4a は学習にもちいた顔画像の例で，図 11.4b が生成された顔画像である．

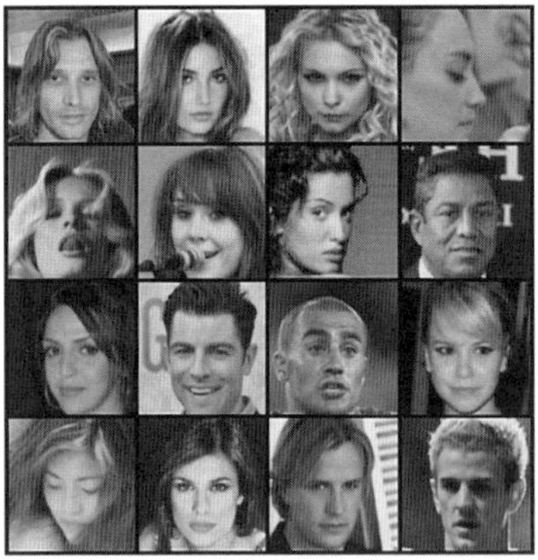

(a) 学習用顔画像の例.

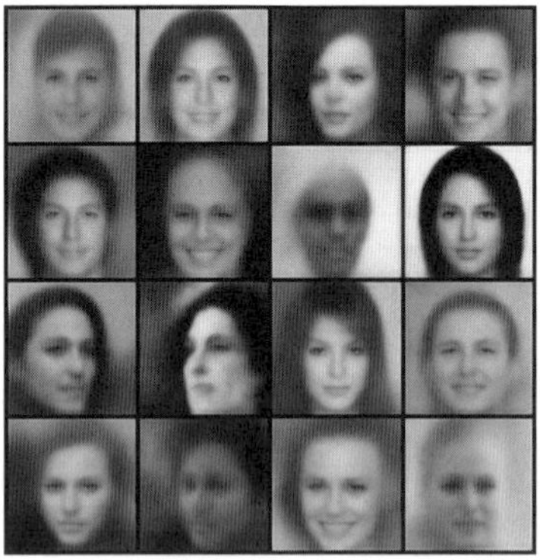

(b) 生成顔画像.

図 **11.4**　CelebA データセットにある 202,599 枚のうちの 162,080 枚を 64×64 にリサイズして学習データとして利用．符号化器は，入力層と 5 つのたたみこみ層と全結合層で構成し，復号化器は，全結合層と 6 つのたたみこみ層で構成した．また，潜在変数の次元は 128 とした．→ 口絵 1

[1] https://mmlab.ie.cuhk.edu.hk/projects/CelebA.html

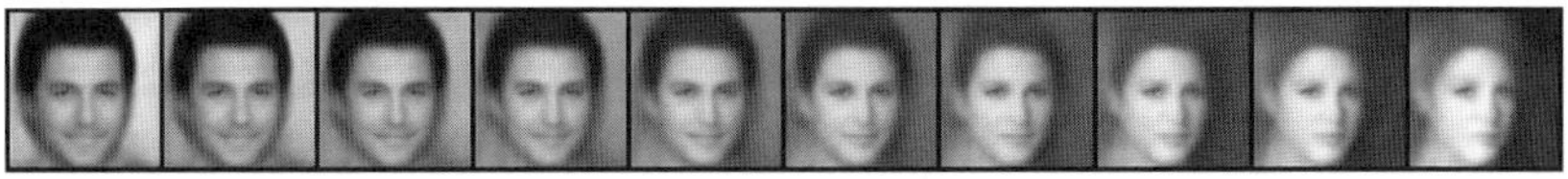

図 11.5 左はしの顔画像と右はしの顔画像を潜在空間において線形補間した潜在変数をもとに生成された顔画像. 左から右にむかって, パラメータ λ を 1 から 0 に変化させている. → 口絵 2

なお, VAE の復号化器とは異なり, 自己符号化器の復号化器は, 訓練データの正確な符号化を入力として受けとるだけである. そのため, 訓練データ以外の入力に対してはどう復号すべきかはわからないので, 自己符号化器は新しいデータを生成することはできない.

■ 潜在空間での操作

潜在変数モデルによっては, **潜在空間補間**とよばれる方法で, 2 つの異なる入力の「特徴」を補間する新たなサンプルを生成できる. たとえば, 2 つの画像 $\mathbf{x}_1$ と $\mathbf{x}_2$ に対し, $\mathbf{z}_1 = \mathbb{E}_{q(\mathbf{z}\,|\,\mathbf{x}_1)}[\mathbf{z}]$ と $\mathbf{z}_2 = \mathbb{E}_{q(\mathbf{z}\,|\,\mathbf{x}_2)}[\mathbf{z}]$ をそれぞれの符号とする. すると, この 2 つの画像から, それらの潜在ベクトルを線形補間した $\mathbf{z} = \lambda\mathbf{z}_1 + (1-\lambda)\mathbf{z}_2$, $0 \leq \lambda \leq 1$, をつくり, $\mathbb{E}[\mathbf{x}\,|\,\mathbf{z}]$ により復号することで新しい画像が生成される. 図 11.5 は, 両はしの 2 つの顔画像から潜在空間補間により生成した顔画像である.

また, 潜在変数モデルによっては, 潜在空間での操作によりデータの属性を強めたり弱めたりできる. たとえば, 顔画像中の人物がサングラスをかけている, あるいはピアスをしている, 金髪である, といった属性を考えてみよう. 属性 i をもつ画像の集合を $\mathbf{X}_i^+$ とし, この属性をもたない画像の集合を $\mathbf{X}_i^-$ とする. また, $\mathbf{Z}_i^+$ と $\mathbf{Z}_i^-$ を対応する潜在空間での集合とし, $\overline{\mathbf{z}}^+$ と $\overline{\mathbf{z}}^-$ をそれぞれ, この 2 つの集合の平均とする. さらに, オフセットベクトル $\boldsymbol{\Delta} \equiv \overline{\mathbf{z}}^+ - \overline{\mathbf{z}}^-$ を導入しよう. すると, オフセットベクトル $\boldsymbol{\Delta}$ の正数倍を新しい点 $\mathbf{z}$ にくわえると,「属性 i の量が増え」, $\boldsymbol{\Delta}$ の何倍かをひくと,「属性 i の量が減る」と期待される. この操作により, たとえば, サングラスをかけていない男性の顔画像を, サングラスをかけた同じ男性の顔画像へと変換できる可能性がある. このように, 潜在変数モデルによっては, 潜在空間でのベクトルの加算と減算により, 属性の量を増減させることができる.

演習問題

演習 11.1（変分下界） VAE において，潜在変数 $\mathbf{z}$ の事前分布を $p(\mathbf{z})$ とし，符号側で，入力 $\mathbf{x}$ で条件づけられた潜在変数の分布を $q_{\boldsymbol{\phi}}(\mathbf{z}\,|\,\mathbf{x})$，また，復号側で，出力 $\mathbf{x}$ と対応する潜在変数 $\mathbf{z}$ の同時分布を $p_{\boldsymbol{\theta}}(\mathbf{x},\,\mathbf{z})$ とする．このとき，1 つのデータ $\mathbf{x}$ に対する変分下界は

$$L(\boldsymbol{\theta},\,\boldsymbol{\phi}\,|\,\mathbf{x}) \equiv \int q_{\boldsymbol{\phi}}(\mathbf{z}\,|\,\mathbf{x}) \ln \frac{p_{\boldsymbol{\theta}}(\mathbf{x},\,\mathbf{z})}{q_{\boldsymbol{\phi}}(\mathbf{z}\,|\,\mathbf{x})} d\mathbf{z}$$
$$= \mathbb{E}_{q_{\boldsymbol{\phi}}(\mathbf{z}\,|\,\mathbf{x})}[\ln p_{\boldsymbol{\theta}}(\mathbf{x},\,\mathbf{z}) - \ln q_{\boldsymbol{\phi}}(\mathbf{z}\,|\,\mathbf{x})]$$

と定義される．この変分下界は，KL ダイバージェンスをつかって

$$L(\boldsymbol{\theta},\,\boldsymbol{\phi}\,|\,\mathbf{x}) = \mathbb{E}_{q_{\boldsymbol{\phi}}(\mathbf{z}\,|\,\mathbf{x})}[\ln p_{\boldsymbol{\theta}}(\mathbf{x}\,|\,\mathbf{z})] - \mathbb{KL}(q_{\boldsymbol{\phi}}(\mathbf{z}\,|\,\mathbf{x})\,\|\,p(\mathbf{z}))$$

とかけることを示せ．ただし，$p_{\boldsymbol{\theta}}(\mathbf{x}\,|\,\mathbf{z})$ は潜在変数 $\mathbf{z}$ で条件づけられた出力 $\mathbf{x}$ の分布である．

演習 11.2（KL ダイバージェンスの計算） VAE において，潜在変数 $\mathbf{z}$ の事前確率の分布を，平均が $\mathbf{0}$ で共分散行列が $\mathbf{I}$ のガウス分布

$$p(\mathbf{z}) = \mathcal{N}(\mathbf{z}\,|\,\mathbf{0},\,\mathbf{I})$$

とする．また，符号側で，入力 $\mathbf{x}$ で条件づけられた潜在変数 $\mathbf{z}$ の分布を

$$q_{\boldsymbol{\phi}}(\mathbf{z}\,|\,\mathbf{x}) = \mathcal{N}(\mathbf{z}\,|\,\boldsymbol{\mu},\,\boldsymbol{\Sigma})$$

とする．ただし，$\boldsymbol{\Sigma}$ は対角行列である．このとき，KL ダイバージェンス $\mathbb{KL}(q_{\boldsymbol{\phi}}(\mathbf{z}\,|\,\mathbf{x})\,\|\,p(\mathbf{z}))$ を具体的に計算しよう．

(1) 内積 $\mathbf{z}^{\mathrm{T}}\mathbf{z}$ の $q_{\boldsymbol{\phi}}(\mathbf{z}\,|\,\mathbf{x})$ に関する期待値を求めよ．

(2) 2 次形式 $(\mathbf{z}-\boldsymbol{\mu})^{\mathrm{T}}\boldsymbol{\Sigma}^{-1}(\mathbf{z}-\boldsymbol{\mu})$ の $q_{\boldsymbol{\phi}}(\mathbf{z}\,|\,\mathbf{x})$ に関する期待値を求めよ．

(3) $\mathbb{KL}(q_{\boldsymbol{\phi}}(\mathbf{z}\,|\,\mathbf{x})\,\|\,p(\mathbf{z})) = -\dfrac{1}{2}\displaystyle\sum_{i=1}^{L}[1-\sigma_i^2-\mu_i^2+\ln\sigma_i^2]$ となることを示せ．ただし，L は潜在ベクトル $\mathbf{z}$ の次元であり，μ_i は $\boldsymbol{\mu}$ の第 i 成分で，σ_i^2 は $\boldsymbol{\Sigma}$ の第 i 番めの対角成分である．

索　引

■ さ

■ な

■ は

■ま

■や

■ ら

■ わ

〈著者紹介〉

岡留　剛（おかどめ たけし）

1988 年　東京大学大学院理学系研究科情報科学専攻博士後期課程修了
同　年　日本電信電話株式会社入社 NTT 基礎研究所
2001 年　国際電気通信基礎技術研究所経営企画部
2003 年　日本電信電話株式会社 NTT コミュニケーション科学基礎研究所
2009 年　関西学院大学理工学部人間システム工学科 教授
現　在　関西学院大学工学部 教授（人工知能研究センター長）
　　　　博士（理学）
専　門　情報科学
主　著　『デジタル信号処理の基礎』（2018，共立出版）
　　　　『例解図説 オートマトンと形式言語入門』（2015，森北出版）

機械学習

2. ノンパラメトリックモデル／潜在モデル

Machine Learning
2. Non-Parametric Models and Latent Variable Models

2022 年 8 月 30 日　初版 1 刷発行

著　者　岡留　剛 © 2022

発行者　南條光章

発行所　**共立出版株式会社**
〒112-0006
東京都文京区小日向 4-6-19
電話番号　03-3947-2511（代表）
振替口座　00110-2-57035
www.kyoritsu-pub.co.jp

印　刷　大日本法令印刷

製　本　加藤製本

一般社団法人
自然科学書協会
会員

検印廃止
NDC 007.13

ISBN 978-4-320-12489-9

Printed in Japan